梅文鼎全集

第六册

（清）梅文鼎 著
韓琦 整理

黄山書社

曆算叢書輯要卷四十六

歷學疑問恭記

壬午十月扈

駕南巡駐

蹕德州有

旨取所刻書集回奏匆遽未曾携帶且多係經書制舉時文應

塾校之需不足塵

覽有宣城處士梅文鼎歷學疑問三卷臣所訂刻謹呈求

聖誨奉

旨朕留心歷算多年此事朕能决其是非將書留覽再發二日

後承

召面見
上云昨所呈書甚細心且議論亦公平此人用力深矣朕帶回
　宮中仔細看閱臣因求
皇上親加御筆批駁改定庶草野之士有所取裁臣亦得以預
　聞一二不勝幸甚
上肯之越明年春
駕復南巡遂於
行在發回原書
面諭朕已細細看過中間圈點塗抹及簽貼批語皆
上手筆也臣復請此書疵謬所在
上云無疵謬但算法未備蓋梅書原未完成

聖諭遂及之竊惟自古懷抱道業之士承詔有所述作者無論已若乃私家藏錄率多塵埋瓿覆至歷象天官之奧尤世儒所謂專門絕學者蓋自好事耽奇之徒往往不能竟篇而罷曷能上煩

乙夜之觀句譚字議相酬酢如師弟子梅子之遇可謂千載一時方今

宸翰流行天下獨未有裁自

聖手之書蓄於人間者豈特若洛下之是非堅定而子雲遺編所謂遭遇時君度越諸子者亦無待乎桓譚之屢嘆矣既以書歸之梅子而爲敘其時月因起俾梅寳奉焉

甲申五月壬戌臣李光地恭記

歷學疑問序

歷學疑問梅子定九之所著也先生于是學潭思博考四十年餘凡所撰述滿家自專門者不能殫覽也余謂先生宜撮其指要束文伸義章逢之士得措心焉夫列代史志掀及律歷則几而不視況一家之書哉先生肯余言以受館之暇爲之論百十篇而托之疑者或曰子之强梅子以成書也於學者信乎當務與曰疇人星官之所專司不急可也夫梅子之作辨於理也理可不知乎乾坤父母也繼志述事者不離乎動静居息色笑之間故書始歷象詩咏時物禮分方設官春秋以時紀事易觀于陰陽而立卦合乎歲閏以生蓍其所謂秩敘命討好惡美刺治教兵刑朝會摟伐建侯遷國之大涉川畜牝之細根而本之則

始于太乙而殺于陰陽日星以爲紀月以爲量四時以爲柄鬼神以爲徒故曰思知人不可以不知天仰則觀于天文窮理之事也此則儒者所宜盡心也聖之多才藝而精創作必稱周公自大司徒土圭之法周髀蓋天之制後世少有知者漢唐而下最著者數家率推一時一處以爲定論其有四出測候踰數千里則已度越古今而未能包八極以立說海外之士乘之負謂吾書之所未有微言既遠泯泯棼棼可勝詰哉梅子閔焉稽近不遺矣而源之務索其言之成則援　熙朝之歷以合于軒姬虞夏洙泗閩洛泯然也此固我

皇上膺歷在躬妙極道數故草野之下亦篤生異士見知而與聞之而梅子用心之勤不憚探賾表微以歸于至當一書之中

述聖尊王兼而有焉昔劉歆三統文具漢志子雲太元乎子以爲漢家得歲二百年之書也彼劉揚烏知天皆據洛下一家法而附會以經義云爾今先生之論羅罔千載明皇曆之得天即象見理綜數歸道異日蘭臺編次必有取焉七政三統殆不足儗而書體簡實平易不爲枝離佶屈吾知其說亦大行于經生家非如太元之覆醬瓿者而終不顯矣先生之歸也謂余敘之余不足以知曆姑敘其大意以質知先生者先生續且爲之圖表數術以繼斯卷余猶得竟學而觀厥成焉

康熙癸酉四月望日清溪李光地書

目錄

歷學疑問一　　卷之四十六

論歷學古疎今密
論中西二法之同
論中西之異
論今法于西歷有去取之故
論回回歷與西洋同異
論回回歷元用截法與授時同
論天地人三元非回回本法
論回回歷正朔之異
論夏時爲堯舜之道
論西歷亦古疎今密
論地圓可信
論蓋天周髀
論周髀儀器
論歷元
論西法積年
論日法

歷學疑問二　　卷之四十七

論歳實閏餘
論歳餘消長
論歳實消長之所以然
論恒星東移有據
論七政高下
論無星之天一
論無星之天二
論天重數一
論天重數二
論左旋
論黄道有極
論曆以日躔爲主中西同法
論黄道
論經緯度一黄赤
論經緯度二地平
論經緯相連之用及十二宮
論周天度

曆學疑問三
卷之四十八

論盈縮高卑一
論盈縮高卑二

論最高行
論高行周天
論小輪
再論小輪及不同心輪
論小輪不同心輪孰爲本法
論小輪不同心輪各有所用
論小輪心之行及小輪上七政之行
論小輪上七政之行皆非自動
再論小輪上七政之行
論小輪非一
論七政兩種視行
論天行遲速之原
論中分較分
再論中分
論囘囘歷五星自行度一
論囘囘歷五星自行度二
論囘囘歷五星自行度三
論新圖五星皆以日爲心

歷算叢書輯要卷四十六

宣城梅文鼎定九甫著

男　以燕正謀甫學

孫　瑴成循齋
　　玕成肩琳　甫重校錄

曾孫　鈖敬名
　　　釴用和　同校字

歷學疑問一

余嚮纂古今歷法通考。因時時增改。訖無定本。已入都。獲交于安溪先生。先生曰歷法至　本朝大備矣。經生家猶苦望洋者。無快論以發其意也。宜畧倣元趙友欽革象新書體例。作爲簡要之書。俾人人得其門戶。則從事者多。此學庶幾益顯。余受命惟謹。然自惟固陋。雅不欲襲陳言。又欲其望而輒解。斟酌于淺深詳畧之間。屢涉筆而未果。至辛未夏移榻于中街寓邸。始克為之。先生絕無醻應。門庭若水。退食之餘。亟問今日所成何論。有脫稿者。手為點定。如是數月。得稿五十餘篇。然尚有宜補之篇目。及其圖表。擬至山中續完。自癸酉南旋以後。屢奉手書相勉。亡友寗波萬季野 斯同 亦復寄言諄囑。而鄙性特耽探索。恒欲明其所疑。雜揉盈笥。率多未竟之緒。心追手步。顧此失彼。忽忽數年。未有以應。屬先生覘學畿輔。遂以原稿付之雕版。後復進 呈。蒙

御筆評閱。詳安溪恭記中。歷法通考舊序二首附後

士於經世之務惟律歷學非專家雖高才博學不能通其微余資性愚下又不能學律歷數算諸家茫昧無所知自非終身從事不能至也則不如勿學已矣然能通其學者見之未嘗不服而自媿余養痾金陵與宣城梅子定九相見於王子璞庵之南樓定九不以余爲不知出示歷算諸書算書將次刊行而歷法通考世未之知也余既不知歷學不能言其精微之處覽其大綱自太初歷以降凡七十餘家皆陳載而論斷之以求衷乎其不可易梅子之輟羣書而攻苦於是者幾二十年矣余嘗聞諸師友後人之勝於古人者惟歷法世愈降而愈精密蓋創始者難爲智繼起者易於神明理固然也天地之運雖有成法可測量而必有其不齊不能盡知之故雖聖人不能以一成而永定

夫元氣運用過與不及天地恆有其不能自主之時此所謂不可知之神也故造歷者雖甚精必不能不久而差而有待於後人之更定然不考古以察其原就今以求其不易則遞傳至後世將益無所考證而欲有所更定者道無由施然則梅子是書豈僅足以備一代之史前當日之民用而已哉余故不辭而爲之叙使天下知有是書必有能爲梅子刊布且實見諸施行者非能叙梅子之書也余姊壻邱邦士天資高于易數歷學及泰西算法不假師授皆能造其微桐城方密之先生歎爲神人所著歷書未就而卒惜夫邦士不及見梅子之書而爲之叙之也

寧都易堂魏禧序

火雲龍鳥紀官亮天工而治以天事也三代下人事耳人不如天明矣况以人測天而欲其不忒乎後世最難精者莫如律歴中聲在天地聖人借器以宣之天之運不可窺造歴象候日景觀中星以步之皆聰明睿知默契乎理數之自然非區區智巧之術所能爲者而後世徒以人事爲之無惑乎器亡而黄鍾卒難恰合也唐虞遠而歴法愈變愈繁終難至當而不易也回回泰西之歴或謂其法勝乎中國宣城梅子定九著歴法通考其言曰大法定于唐虞所未著者里差歲差耳積久而著而後人立法以求之合數千年數萬里之心思耳目而後精密而合數千年數萬里之心思耳目以爲之精密者適以成古聖人未竟之緒蓋中星者求歲差之法也嵎夷昧谷南交朔方之宅求里

差之法也於戲唐虞雖遠苟得通天人理數淹貫古今中外之法如梅子者而會通以盡其變雖亦以人測天而人事盡即聖人之法合聖人之法合而天事不庶幾乎且夫歷法所以合天當治以天事天文所以示人當治以人事而梅子則曰日月星辰有常席矣惟歷法不明求其説焉不得而占家遂得附會其間苟歷法大著則禨祥小術自無所托以售其欺余嘗謂禆竈梓愼之術不能不屈於子產昭子徐理預知英宗北狩及南宮復辟亦以象緯決之則倡議遷都北平宜必不可守而于忠肅力排其説一意戰守社稷遂保無虞是人事脩天意無不可挽則梅子是書豈特明歷法也乎息邪闢妄解惑之功亦不小矣北平王源序

論歷學古疏今密

問三代典制厄於秦火故儒者之論謂古歷宜有一定不變之法而不可復考後之人因屢變其法以求之蓋至於今日之密合而庶幾克復古聖人之舊非古疏而今密也曰聖人言治歷明時蓋取於革故治歷者當順天以求合不當爲合以驗天若預爲一定之法而不隨時修改以求無弊是爲合以驗天矣又何以取於革乎且吾嘗徵之天道矣日有朝有禺有中有昃有夜有晨此歷一日而可知者也月有朔有生明有弦有望有生魄有下弦有晦此歷一月而可知者也時有春夏秋冬晝夜有永短中星有推移此歷一歲而可知者也乃若熒惑之周天則歷二年歲星則十二年土星則二十九年（皆約整數）夫至于十二年

二十九年而一周。已不若前數者之易見矣。又其每周之間。必有過不及之餘分。所差甚微。非歷多周。豈能灼見。乃若歲差之行。六七十年始差一度。歷二萬五千餘年而始得一周。雖有期頤上壽。所見之差不過一二度。亦安從辨之。迨其歷年既久。差數愈多。然後共見而差法立焉。此非前人之智不若後人也。前人不能預見後來之差數。而後人則能盡考前代之度分。理愈久而愈明。法愈修而愈密。勢則然耳。問者曰。若是則聖人之智有所窮與。曰。使聖人爲一定之法。則窮矣。惟聖人深知天載之無窮。而不爲一定之法。必使隨時修改以求合天。是則合天下萬世之聰明以爲其耳目。聖人之所以不窮也。然則歷至今日而愈密者。皆聖人之法之所該矣。

論中西二法之同

問者曰。天道以久而明。歷法以修而密。今新歷入而盡變其法以從之。則前此之積候舉不足用乎。曰今之用新歷也。乃兼用其長以補舊法之未備。非盡廢古法而從新術也。夫西歷之同乎中法者不止一端。其言日五星之最高加減也。即中法之盈縮歷也。在太陰則遲疾歷也。其言五星之歲輪也。即中法之段目也。遲留逆伏其言恒星東行也。即中法之歲差也。其言節氣之以日躔過宮也。即中法之定氣也。其言各省直節氣不同也。即中法之里差也。但中法言盈縮遲疾。而西說以最高最庳明其故。中法言段目。而西說以歲輪明其故。中法言歲差。而西說以恒星東行明其故。是則中歷所著者當然之運。而西歷所推者其所以然之源。此其可取者也。若夫定氣里差。中歷原有其法。但不以註歷耳。非古無而今始有也。西歷始有者則五星之緯度是也。中歷言緯度。惟太陽太陰有之。太陽出入于赤道其緯二十四度。太陰出入于黃道其緯六度。而五星則未有及之者。今西歷之五星有交點。有緯行。亦如太陽太陰之詳明。是則中歷缺陷之大端。得西法以補其未備矣。夫於中法之同者。既有以明其所以然之故。而于中法之未備者。又有以補其缺。于是吾之積候者。得彼說而益信。而彼說之若難信者。亦因吾之積候而有以知其不誣。雖聖人復起。亦在所兼收而亟取矣。

論中西之異

問今純用西法矣。若子之言。但兼用其長耳。豈西法亦有大異于中而不可全用。抑吾之用之者猶有未盡與。曰西法亦有必不可用者。則正朔是也。中法以夏正爲歲首。此萬世通行而無弊者也。西之正朔。則以太陽會恒星爲歲。其正月一日定于太陽躔斗四度之日。而恒星既東行以生歲差。則其正月一日亦屢變無定。故在今時之正月一日定于冬至後十一日。溯而上之可七百年。則其正月一日在冬至日矣。又溯而上之七百年。又在冬至前十日矣。由今日順推至後七百年。則又在冬至後二十日矣。如是不定。安可以通行乎。此徐文定公造歷書之時棄之不用。而亦畧不言及也。然則自正朔外。其餘盡同乎。曰正朔其大者也。餘不同者尚多。試畧舉之。中法步月離始于朔。而西法始于望。一也。中法論日始子半。而西法始午中。二也。中法立閏月。而西法不立閏月。惟立閏日。三也。黃道十二象與二十八舍不同。四也。餘星四十八象與中法星名無一同者。五也。中法紀日以甲子。六十日而周。西法紀日以七曜。凡七日而周。六也。中法紀歲以甲子。六十年而周。西法紀年以總積六千餘年爲數。七也。中法節氣起冬至。而西法起春分。八也。以上數端。皆今曆所未用。徐文定公所謂鎔西算以入大統之型模。蓋謂此也。就中惟閏日用之於恒表積數。而不廢閏月。猶弗用也。其總積之年。歷指中偶一舉之而不以紀歲。

論今法于西曆有去取之故

問者曰。皆西法也。而有所棄取何也。曰凡所以必用西法者。以其測算之精而已。非好其異也。故凡最高庳加減黃道經緯之屬。皆其測算之根。而不得不用者也。若夫測算之既合矣。則紀日于午。何若紀于子之善也。紀月于望。何若紀于朔之善也。四十八象十二象之星名。與三垣二十八宿雖離合不同。而其星之大小遠近在天無異也。又安用此紛紛乎。此則無關于測算之用而不必用者也。乃若正朔之須。爲國家禮樂刑政之所出。聖人之所定萬世之所遵行。此則其必不可用而不用者也。又何惑焉。

論回回曆與西洋同異

問回回亦西域也。何以不用其歷。而用西洋之歷。曰回回歷與歐羅巴（即西洋歷）同源異派。而疎密殊。故回回歷亦有七政之最高。以爲加減之根。又皆以小輪心爲平行。其命度也。亦起春分。其命日也。亦起午正。其算太陰亦有第一加減。第二加減。算交食三差亦有九十度限。亦有影徑分之大小。亦以三百六十整度爲周天。亦以九十六刻爲日。亦以六十分爲度。六十秒爲分而遞析之以至于微。亦有閏日而無閏月。亦有五星緯度及交道。亦以七曜紀日而不用干支。其立象也亦以東方地平爲命宫。其黄道上星亦有白羊金牛等十二象。而無二十八宿。是種種者無一不與西洋同。故曰同源也。然七政有加減之小輪。而無均輪。太陰有倍離之經差加減。而無交均之緯差。故愚嘗謂西歷之於回回。猶授時之於紀元統天。其疎密固較然也。然在洪武間。立法未嘗不密。其西域大師馬哈麻馬沙亦黑頗能精于其術。但深自秘惜。又不著立表之根。後之學者失其本法之用。反借大統春分前定氣之日以爲立算之基。何怪其久而不效耶。然其法之善者種種與西法同。今用西法。卽用回回矣。豈有所取舍於其閒哉。按回回古稱西域。自明鄭和奉使入洋。以其非一國。槩稱之曰西洋。厥後歐羅巴入中國。自稱大西洋。謂又在回回西也。今歷書題曰西洋新法。蓋回回歷卽西洋舊法耳。論中舉新法皆曰歐羅巴。不敢混稱西洋。所以别之也。

論回回歷歷元用截法與授時同

問論者謂回回歷元在千餘年之前。故久而不可用。其說然與。

曰回回歷書以隋開皇已未爲元。謂之阿剌必年。然以法求之。實用洪武甲子爲元而托之于開皇已未耳。何以知之。蓋回回歷有太陽年太陰年。自洪武甲子逆溯開皇已未。距算七百八十六。此太陽年也。而回回歷立成所用者太陰年也。回回歷太陰年至第一月一日與春分同日之年。則加一歲。約爲三十二三年而積閏月十二。所謂應加次數也。然則洪武甲子以前距算七百八十六年。當有應加閏月之年二十四次。而今不然。卽用距算查表至八百一十七算之時。始加頭一次。然則此二十四个閏年之月日將何所歸乎。故知其卽以洪武甲子爲元也。惟其然也。故其總年立成皆截從距開皇六百年起。其前皆缺。蓋皆不用之數也。然則何以不竟用七百八十算爲立成起處。而用六百年。曰所以塗人之耳目也。又最高行分自六百六十算而變。以前則漸減。以後則漸增。其減也自十度以至初度。其增也又自初度而漸加。此法中歷所無。故存此以見意也。初度者蓋指巨蟹初點。惟六百六十算之年最高與此點合。以歲計之。當在洪武甲子年前一百二十六算。其前漸減者。蓋是未到巨蟹之度。故漸減也。由是言之。其算宮分雖以開皇巳未爲元。而其查立成之根。則在已未元後二十四年。即立成所謂一年既退下二十四年。故此二十四次應加之數。可以不加。自此以後則以春分所入月日挨求。亦可不必細論。惟至閏滿十二个月之年乃加一次。此其巧捷之法也。然則其不用積年而截取現在爲元者。固與授時同法矣。

論天地人三元非回回本法

問治回回歷者。謂其有天地人三元之法。天元謂之大元。地元謂之中元。人元謂之小元。而以已未爲元。其簡法耳。以子言觀之。其說非與。曰天地人三元分算。乃吳郡人陳壤所立之率。非回回法也。陳星川名壤。袁了凡師也。嘉靖間曾上疏改歷而格不行。其說謂天地人三元各二千四百一十九萬二千年。今嘉靖甲子。在人元已歷四百五十六萬六千八百四十算。所以爲此迂遠之數者。欲以求太乙數之周紀也。按太史王肯堂筆麈云。太乙家多不能算曆。故以曆法求太乙多不合。惟陳星川之太乙與曆法合。然其立法皆截去萬以上數不用。故各種立成皆止于千。其爲虛立無用之數可知矣。夫三式之有太乙。不過占家一種之書。初無關于曆算。又其立法以六十年爲紀。七十二年爲元。五元則三百六十年。謂之周紀。純以干支爲主。而西域之法不用干支。安得有三元之法乎。今天地人三元之數。現在曆法新書。初未嘗言其出于回回也。蓋明之知回回曆者。莫精于唐荆川順之。陳星川壤兩公。而取唐之說以成書者。爲周雲淵述學。述陳之學以爲書者。爲袁了凡黃。然雲淵曆宗通議中所述荆川精語。外別無發明。有曆宗中經。余未見。而荆川亦不知最高爲何物。唐荆川曰。要求盈縮。何故減那最高行度。只爲歲差積久。年年欠下盈縮分數。以此補之云云。是未明厥故也。若雲淵則直以每日日中之晷景當最高。尤爲臆説矣。了凡新書通回回之立成于大統。可謂苦心。然竟削去最高之算。又直用大統之歲餘而棄授時之消長。將逆推數百年亦已不效。況數千萬年之久乎。人惟見了凡之書多用回回法。遂誤以爲西域土盤本法耳。又若薛儀甫鳳祚。亦近日西學名家也。其言回回歷。乃謂以己未前五年甲寅爲元。此皆求其説不得而强爲之解也。總之回回歷以太陰年列立成。而又以太陽年查距算。巧藏其根。故雖其專門之裔。且不能知。無論他人矣。查開皇甲寅。乃回教中所傳彼國聖人辭世之年。故用以紀歲。非歷元也。薛儀甫蓋以此而誤。

論回回歷正朔之異

問回回歷有太陽年。又有太陰年。其國之紀年以何爲定乎。曰回回國太陰年謂之動的月其法三十年閏十一日而無閏月。惟以十二个月爲一年。無閏則三百五十四日。有閏則三百五十五日。故遇中國有閏月之年。則其正月移早一月。如首年春分在第一月。遇閏則春分在第二月。而移其春分之前月爲第一月。故曰動的月其太陽年則謂之不動的月。其法以一百二十八年而閏三十一日。皆以太陽行三十度爲一月。即中曆之定氣。其白羊初即爲第一月一日。歲歲爲常。故曰不動的月也。然其紀歲則以太陰年而不用太陽年。此其異于中曆而并異于歐羅巴之一大端也。然又有異者。其每歲齋月又不在第一月而在第九月。滿此齋月至第十月一日則相賀如正旦焉。不特此也。其所謂月一日者。又不在朔不在望而在哉生明之後。

一日。其附近各國皆然。瀛涯勝覽諸書可考而知也。

馬歡瀛涯勝覽曰。占城國無閏月。但十二月爲一年。晝夜分爲十更。用鼓打記。又曰。阿丹國無閏月。氣候溫和。常如八九月。惟以十二个月爲一年。月之大小。若頭夜見新月。明日卽月一也。又曰。榜葛剌國亦無閏月。以十二个月爲一年。按馬歡自稱會稽山樵。會從鄭和下西洋。故書其所見如此。蓋其國俱近天方。故風俗並同。其言月一者。卽月之第一日。在朔後。故不言朔。厥後張昇改其文曰。以月出定月之大小。夜見月。明日又爲一月也。文句亦通。然非月一字義也。又按一統志。天方國古筠冲之地。舊名天堂。又名西域。有回回曆。與中國前後差三日。蓋以見新月之明日爲月之一日。故差三日。

〇又按素問云。一日一夜五分之。隋志云。晝有朝有禺有中有晡有夕。夜有甲乙丙丁戊。則晝夜十更之法。中法舊有之。

〇又熊礵石島夷志曰。舶舟視旁羅之針。置羅處甚幽密。惟開小扃直舵門。燈長燃不分晝夜。夜五更。晝五更。合晝夜十二辰爲十更。其針路悉有譜。按此以十更記程而百刻勻分。不論冬夏長短。與記里鼓之意畧同。若素問隋志所云。則以日出入爲斷。而晝夜有長短。更法因之而變。兩法微別。占城用鼓打記。不知若何。要不出此二法。

論夏時爲堯舜之道

問古有三正。而三王迭用之。則正朔原無定也。安在用太陰年用恒星年之爲非是乎。曰。古聖人之作歷也。以敬授民時而已。

天之氣始於春盛於夏斂於秋伏藏於冬而萬物之生長收藏因之民事之耕耘收穫因之故聖人作曆以授民時而一切政務皆順時以出令凡郊社禘嘗之禮五祀之祭蒐苗獮狩之節行慶施惠決獄治兵之典朝聘之期飲射讀法勸耕省斂土功之事洪纖具舉皆於是乎在故天子以頒諸侯諸侯受而藏諸祖廟以每月告朔而行之曆之重蓋如是也而顧使其游移無定何以示人遵守乎如回回曆則每二三年而其月不同是春可爲夏夏可爲冬也如歐羅巴則每七十年而差一日積之至久四時亦可互爲矣是故惟行夏之時斯爲堯舜之道大中至正而不可易也然則又何以有三正曰三正雖殊而以春爲民事之始則一也故建丑者二陽之月也建子者一陽之月也先

王之於民事也必先時而戒事猶之日出而作而又曰雞鳴而起中夜以興云爾豈若每歲遷徙如是其紛紛者哉雖其各國之風俗相沿而不自覺然以數者相較而孰爲正大孰爲煩碎則必有辨矣

論語行夏之時古註云據見萬物之生以爲四時之始取其易知

論西歷亦古疎今密

問中歷古疎今密實由積候固已西歷則謂自古及今一無改作意者其有神授與曰殆非也西法亦由積候而漸至精密耳隋以前西歷未入中國其見於史者在唐爲九執歷在元爲萬年歷在明爲回回歷在　本朝爲西洋歷新法然九執歷課旣

疎遠。

唐大衍歷既成而一行卒。瞿曇譔怨不得與改歷事。訟於朝。謂大衍寫九執歷未盡其法。詔歷官比驗。則九執歷課最疎。萬年歷用亦不久。

元太祖庚辰西征西域。歷人奏五月望月當蝕。耶律楚材曰。否。卒不蝕。明年十月楚材言月當蝕。西域人曰不蝕。至期果蝕八分。

世祖至元四年。西域札馬魯丁撰進萬年歷。世祖稍頒行之。至十八年改用授時歷。

回回歷明用之三百年。後亦漸疎。

明洪武初設回回司天臺于雨花臺。尋罷回回司天監。設回

囘科。隸欽天監。每年西域官生依其本法。奏進日月交蝕及
五星凌犯等歷。
歐羅巴最後出而稱最精。豈非後勝於前之明驗歟。諸如歷書所述。多祿某之法。至歌白泥而有所改訂。歌白泥之法。至地谷而大有變更。至于地谷法畧備矣。而遠鏡之製。又出其後。則其爲累測益精。大畧亦如中法。安有所謂神授之法而一成不易者哉。是故天有曆數。西法也。而其說或以爲九重或以爲十二重。今則以金水太陽共爲一重矣。又且以火星冲日之時。比日更近。而在太陽天之下。則九重相裹如葱頭之說。不復可用矣。太陽大於地。西說也。而其初說日徑大於地徑一百六十五倍奇。今只算爲五倍奇。兩數相懸。不啻霄壤矣。太陽最高卑歲歲

東移。西法也。然先定二至後九度。後改定爲六度。今復移進半度爲七度奇矣。又何一非後來居上。而謂有神授不由積驗乎。渾蓋通憲。定奧日在巨蠏九度。即最高也。其時爲萬歷丁未。在戊辰歷元前二十年。是利西泰所定。厥後歷書定戊辰年最高衝度在冬至後五度五十九分五十九秒。以較萬歷丁未所定之奧日。凡改退三度有奇。是徐文定公及湯羅諸西士所定。今康熙永年歷法。重定康熙戊午年高衝在冬至後七度〇四分〇四秒。以較歷書二百恒年表原定戊午高衝六度三十七分二十九秒。凡移進二十六分三十五秒。其書成於歷書戊辰元後五十年。是治理歷法南懷仁所定。

論地圖可信

問西人言水地合一圓球而四面居人其地度經緯正對者兩處之人以足版相抵而立其說可信與曰以渾天之理徵之則地之正圓無疑也是故南行二百五十里則南星多見一度而北極低一度北行二百五十里則北極高一度而南星少見一度若地非正圓何以能然至於水之爲物其性就下四面皆天則地居中央爲最下水以海爲壑而海以地爲根水之附地又何疑焉所疑者地既渾圓則人居地上不能平立也然吾以近事徵之江南地極高三十二度浙江高三十度相去二度則其所戴之天頂卽差二度（江南天頂去北極五十八度浙江天頂去北極六十度）各以所居之方爲正則遥看異地皆成斜立又况京師極高四十度瓊海極高二十度（京師以去北極五十度之星爲天頂瓊海以去北極七十度之星爲天頂）若自京師而

觀瓊海。其人立處皆當傾跌。瓊海望京師亦復相同。而今不然。豈非首戴皆天。足履皆地。初無攲側。不憂環立歟。然則南行而過赤道之表。北遊而至戴極之下。亦若是已矣。是故大戴禮則有曾子之說。

大戴禮單居離問於曾子曰。天圓而地方。誠有之乎。曾子曰。如誠天圓而地方。則是四角之不揜也。參嘗聞之夫子曰。天道曰圓。地道曰方。

內經則有岐伯之說。

內經黃帝曰。地之爲下否乎。岐伯曰。地爲人之下。太虛之中也。曰。憑乎。曰。大氣舉之也。素問又曰。立于子而面午。立于午而面子。皆曰北面。立于子而負午。立于午而負子。皆曰南面。

釋之者曰。常以天中爲北。故對之者皆南也。

宋則有邵子之說。

邵子觀物篇曰。天何依。曰依地。地何附。曰附天。曰天地何所依附。曰自相依附。

程子之說。

程明道語錄曰。天地之中。理必相直。則四邊當有空闕處。地之下豈無天。今所謂地者。特於天中一物爾。又曰極須爲天下之中。天地之中理。必相直。今人所定天體。只是且以眼定。視所極處不見。遂以爲盡。然向曾有于海上見南極下有大星數十。則今所見天體。蓋未定。以土圭之法驗之。日月升降不過三萬里中。然而中國只到鄯善莎車。已是一萬五千里。

就彼觀曰。尙只是三萬里中也。

地圓之說。固不自歐邏西域始也。元西域札馬魯丁造西域儀像。有所謂苦來亦阿兒子。漢言地里志也。其製以木爲圓球。七分爲水。其色綠。三分爲土地。其色白。畫江河湖海貫串於其中。畫作小方井。以計幅員之廣袤道里之遠近。此卽西說之祖。

論蓋天周髀

問有圓地之說。則里差益明。而渾天之理益著矣。古乃有蓋天之說。殆不知而作者歟。曰自楊子雲諸人主渾天排蓋天。而蓋說遂詘。由今以觀。固可並存。且其說實相成而不相悖也。何也。渾天雖立兩極以言天體之圓。而不言地圓。直謂其正平焉耳。

若蓋天之說具於周髀。其說以天象蓋笠。地法覆槃。極下地高。滂沲四隤而下。則地非正平而有圜象明矣故其言晝夜也曰日行極北。北方日中。南方夜半。日行極東。東方日中。西方夜半。日行極南。南方日中。北方夜半。日行極西。西方日中。東方夜半。凡此四方者晝夜易處。加四時相及。此卽西曆地有經度以論時刻早晚之法也。其言七衡也。曰北極之下。不生萬物。北極左右夏有不釋之冰。中衡左右冬有不死之草。五穀一歲再熟。凡北極之左右物有朝生暮穫。趙君卿注曰。北極之下。從春分至秋分爲晝。從秋分至春分爲夜。卽西曆以地緯度分寒煖五帶。晝夜長短各處不同之法也。使非天地同爲渾圓。何以能成此算。周髀本文謂周公受于商高。雖其詳莫考。而其說固有所本矣。然則何以不言南極。曰古人著書皆詳於其可見而畧於所不見。即如中高四下之說。既以北極爲中矣。而又曰天如倚蓋。是亦即中國所見擬諸形容耳。安得以辭害意哉。故寫天地以圓器。則蓋之度不違於渾圓星象于平楮。則渾之形可存於蓋。唐一行善言渾天者也。而有作蓋天圖法。元郭太史有異方渾蓋圖。今西曆有平渾儀。皆深得其意者也。故渾蓋之用至今日而合。渾蓋之說亦至今日而益明。

元札馬魯丁西域儀象。有兀速都兒剌不定。漢言晝夜時刻之器。其製以銅。如圓鏡而可掛。面刻十二辰位晝夜時刻。上加銅條綴其中。可以圓轉。銅條兩端各屈其首爲二竅以對望。晝則視日影。夜則窺星辰。以定時刻。以測休咎。背嵌鏡片。

二面刻其圖凡七。以辨東西南北日影長短之不同。星辰向背之有異。故各異其圖。以盡天地之變焉。按此即今渾蓋通憲之製也。以平詮渾。此爲最著。

論周髀儀器

問若是則渾蓋通憲。即蓋天之遺製與。抑僅平度均布。如唐一行之所云耶。曰皆不可考矣。周髀但言笠以寫天。天靑黑。地黃赤。天數之爲笠也。赤黑爲表。丹黃爲裏。以象天地之位。此蓋寫天之器也。今雖不傳。以意度之。當是圓形如笠。而圖度數星象于內。其勢與仰觀不殊。以視平圖渾象。轉爲親切。何也。星圖强渾爲平。則距度之疎密改觀。渾象圖星於外。則星形之左右易位。若寫天於笠。則其圓勢屈而向內。星之經緯距皆成弧度。與測算脗合。勝平圖矣。又其星形必在內面。則星之上下左右各正其位。勝渾象矣。

論歷元

問造歷者必先立元。元正然後定日法。法立然後度周天。古曆數十家皆同此術。至授時獨不用積年日法。何與曰造歷者必有起算之端。是謂曆元。然歷元之法有二。其一遠溯初古爲七曜齊元之元。自漢太初至今重修大明歷。各所用之積年是也。其一爲截算之元。自元授時不用積年日法。直以至元辛巳爲元。而今西法亦以崇禎戊辰爲元是也。二者不同。然以是爲起算之端一而已矣。然則二者無優劣乎。曰授時優。夫所謂七曜齊元者。謂上古之時歲月日時皆會甲子。而又日月如合璧。五星如連珠。故取以爲造歷之根數也。使其果然。雖萬世遵用可矣。乃今廿一史中所載諸家歷元。無一同者。是其積年之久近。皆非有所受之於前。直以巧算取之而已。然謂其一無所據而出于胸臆。則又非也。當其立法之初。亦皆有所驗于近事。然後本其時之所實測。以旁證於書傳之所傳。約其合者既有數端。遂援之以立術。于是溯而上之。至于數千萬年之遠。庶幾各率可以齊同。積年之法所由立也。然既欲其上合歷元。又欲其不違近測。畸零分秒之數。必不能齊。勢不能不稍爲整頓以求巧合。其始也據近測以求積年。其既也且將因積年而改近測矣。又安得以爲定法乎。授時歷知其然。故一以實測爲憑。而不用積年虛率。上考下求。即以至元十八年辛巳歲前天正冬至爲元。其見卓矣。

按唐建中時。術者曹士蔿始變古法。以顯慶五年爲上元。雨水爲歲首。號符天歷。行於民間。謂之小歷。又五代石晉高祖時。司天監馬重績造調元歷。以唐天寶十四載乙未爲上元。用正月雨水爲氣首。此二者亦皆截算之法。授時歷蓋采用之耳。然曹馬二歷。未嘗密測遠徵。不過因時歷之率。截取近用。若郭太史則製器極精。四海測驗者二十七所。又上考春秋以來至于近代。然後立術。非舍難而就易也。○又按孟子千歲日至。趙注只云日至可知其日。孫奭疏則直云千歲以後之日至。可坐而定。初不言立元。

論西法積年

問歷元之難定。以歲月日時皆會甲子也。若西歷者初不知有甲子。何難溯古上元而亦截自戊辰與。曰西人言開闢至今止六千餘年。是卽其所用積年也。然歷書不用爲元者何也。旣無干支。則不能合於中法。一也。又其法起春分。與中法起冬至不同。以求上古積年。畢世不能相合。二也。且西書所傳不一。其積年之說先有參差。三也。故截自戊辰爲元。亦鎔西算入中法之一事。蓋立法之善。雖巧算不能違矣。

天地儀書。自開闢至崇禎庚辰凡五千六百三十餘年。聖經直解。開闢至崇禎庚辰凡六千八百三十六年。通雅。按諸太西云自開闢至崇禎甲申六千八百四十年。依所製稽古定儀推之。止五千七百三十四年。

月離歷指曰崇禎戊辰爲總期之六千三百四十一年。天文實用云開闢初時適當春分。又云中西皆以角爲宿首因開闢首日昏時角爲中星也。今以恒星本行逆推約角宿退九十度必爲中星。計年則七千矣。與聖經紀年相近。

開闢至洪水天地儀書云一千六百五十餘年。聖經直解則云二千二百四十二年。相差五百九十二年。洪水至漢哀帝元壽二年庚申天主降生天地儀書云二千三百四十餘年。聖經直解則云二千九百五十四年。相差六百一十四年。遺詮又云二千九百四十六年。比聖經直解又少八年。

論日法

問上古積年荒忽無憑。去之誠是也。至于日法則現在入用之數也。而古歷皆有日法。授時何以獨無。曰。日法與歷元相因而立者也。不用積年。自可不用日法矣。蓋古歷氣朔皆定大小餘。大餘者日也。小餘者時刻也。凡七曜之行度不能正當時刻之初。而或在其中半難分之處。非以時刻剖析爲若干分秒則不能命算。此日法所由立也。自日法而析之。則有辰法刻法分法秒法。自日法而積之。則有氣策法朔實法歲實法旬周法與日法同用者。則有度法宿次法周天法。又有章法蔀法紀法元法。一切諸法。莫不以日法爲之綱。古歷首定日法。而皆有畸零。蓋以此也。惟日法有畸零。故諸率從之而各有畸零之數矣。夫古歷豈故爲此繁難以自困哉。欲以上合於所立之歷元而爲七曜之通率。有不得不然者也。如古法以九百四十分爲日法其四分之一則爲二百三十五所以然者以十九年一章有二百三十五月也又古法月行十九分度之七是以十九分爲度法亦以十九年一章有七閏也他皆此類今授時既不用積年即章蔀紀元悉置不用而一以天驗爲徵故可不用畸零之日法而竟以萬分爲日日有百刻刻有百分故一萬也自此再析則分有百秒秒有百微皆以十百爲等而遁進退焉數簡而明易於布算法之極善者也是故授時非無日法也但不用畸零之日法耳用畸零之日法乘除既繁而其勢又有所阻故分以下復用秒母焉用萬分之日可以析之屢析至于無窮日躔之用有秒則日爲百萬月離之用有微則日爲億萬而乘除之間轉覺其易是小餘之細未有過於授時者也而又便於用豈非法之無弊可以萬世遵行者哉

按宋蔡季通欲以十二萬九千六百爲日法而當時曆家不

以爲然畏其細也。然以較授時。猶未及其秒數。而不便于用者有畸零也。有畸零而又於七曜之行。率無關。何怪曆家之不用乎。若回回泰西。則皆以六十遞析。雖未嘗別立日法。而秒微以下。必用通分。頗多紆折。若非逐項立表。則其繁難不啻數倍授時矣。薛儀甫著天學會通。以六十分改爲百分。誠有見也。

終

歷算叢書輯要卷四十七

歷學疑問二

論歲實 閏餘

問歲實有一定之數而何以有閏餘曰惟歲實有一定之數所以生閏餘也凡紀歲之法有二自今年冬至至來年冬至凡三百六十五日二十四刻二十五分而太陽行天一周是爲一歲二十四節氣之日據授時大統之數或自今年立春至來年立春亦同周禮太史註中數曰歲朔數曰年自今年冬至至明年冬至歲也自今年正月朔至明年正月朔年也古有此語要之歲與年固無大別而中數朔數之不齊則氣盈朔虛之所由生自正月元旦至臘月除夕凡三百五十四日三十六刻七十一

分一十六秒。而太陰會太陽於十二次一周。是爲一歲十二月之日。亦據授時平朔言之。兩數相較。則節氣之日多於十二月者一十日八十七刻五十三分八十四秒。是爲一歲之通閏。積至三年。共多三十二日六十二刻六十一分五十二秒。而成一閏月。仍多三日零九刻五十五分五十九秒。積至五年有半。共多五十九日八十一刻四十六分一十二秒。而成兩閏月。仍多七十五刻三十四分二十六秒。古云三歲一閏。五歲再閏者此也。然則何以不竟用節氣紀歲。則閏月可免矣。曰晦朔弦望易見者也。節氣過宮難見者也。敬授人時。則莫如用其易見之事。而但爲之閏月以通之。則四時可以不忒。堯命羲和以閏月定四時成歲。此堯舜之道。萬世不可易也。若回回歷有太陰年爲動的月。有太陽年爲不動的月。夫旣謂之月。安得不用晦朔弦望而反用節氣乎。故回回歷雖有太陽年之算。而天方諸國不以紀歲也。況存中欲以節氣紀歲。而天經或問亦有是言。此未明古聖人之意者矣。

論歲餘消長

問歲實旣有一定之數。授時何以有消長之法。曰此非授時新法。而宋統天之法。然亦非統天億創之法。而合古今累代之法而爲之者也。蓋古歷周天三百六十五度四分度之一。一歲之日亦如之。故四年而增一日。今西歷派年表亦同。其後漸覺後天。皆以爲斗分太强。因稍損之。古歷起斗終斗。故四分之一皆寄斗度。謂之斗分。自漢而晉而唐而宋。每次改歷。必有所減。以合當時實測之數。故用前代之歷以順推後代。必至後天。以斗分強也。斗分即歲餘。若用後代之歷。據近測以逆溯往代。亦必後天。以斗分弱也。前推後而歲餘強則所推者過於後之實測矣。後推前而歲餘弱則所推者不及於前之實測矣。故皆後天。統天歷見其然。故爲之法以通之。于歲實平行之中。加一古多今少之率。則於前代諸歷不相乖戾。而又不違於今之實測。此其用法之巧也。然統天曆藏其數于法之中。而未嘗明言消長。授時則明言之。今遂以爲授時之法耳。郭太史自述創法五端。初未及此也。然則大統歷何以不用消長。曰此則元統之失也。當時李德芳固已上疏爭之矣。然在洪武時去授時立法不過百年。所減不過一分。積之不過一刻。故雖不用消長。無甚差殊也。崇禎曆書謂元統得之測驗。竊不謂然。何也。元統與德芳辨。但自言未變舊法。不言測驗有差。又其所著通軌。雖便初學。殊昧根宗。間有更張。輒違經旨。如月食時差既內分等。俱妄改背理。豈能於冬至加時後先一刻之間而測得眞數乎。然則消長必不可廢乎。曰上古則不可知矣。若春秋之日南至。固可考據。而唐宋諸家之實測有據者。史冊亦具存也。今以消長之法求之。其數皆合。若以大統法求之。則皆後天。而於春秋且差三日矣。安可廢乎。然則統天授時之法同乎。曰亦不同也。統天歷逐年遞差。而授時消長之分。以百年爲限。則授時之法。又不如統天矣。夫必百年而消長一分。未嘗不是。乃以乘距算其數驟變。殊覺不倫。鄭世子黃鐘歷法所以有所酌改也。

假如康熙辛酉年距元四百算。該消四分。而其先一年庚申距算三百九十九。只消三分。是庚申年歲餘二十四刻二十二分。而辛酉年歲餘二十四刻二十一分也。以此所消之一分。乘距算得四百分。則辛酉歲前冬至忽早四刻。而次年又只平運。以

實數計之。庚申年反只三百六十五日二十刻二十二分。辛酉年則又是三百六十五日二十四刻二十一分。其法舛矣

論歲實消長之所以然

問歲實消長之法。旣通於古。亦宜合於今。乃今實測之家。又以爲消極而長。其說安在。豈亦有所以然之故與。曰授時雖承統天之法而用消長。但以推之舊曆而合耳。初未嘗深言其故也。惟曆書則爲之說曰歲實漸消者。由日輪之轂漸近地心也。余嘗竊疑其說。今具論之。夫西法以日天與地不同心。疏盈縮加減之理。其所謂加減。皆加減於天周三百六十度之中。非有所增損於其外也。如最高則視行見小而有所減。最卑則視行見大而有所加。加度則減時矣。減度則加時矣。然皆以最卑之所減。補最高之所加。及其加減旣周。則其總數適合平行。畧無餘

欠也。若果日輪之轂漸近地心，不過其加減之數漸平耳。加之數漸平，則減之數亦漸平。其爲遲速相補而歸於平行一也。豈有日輪心遠地心之時，則加之數多而減之數少；日輪心近地心時，則減之數少而加之數多乎？必不然矣。又考日躔表，彼固原未有消長之説。日躔歷指言平歲用授時消分定歲，則用最高差。及查恒年表之用，則又只用平率。是其説未有所決也。又歷書言日輪漸近地心，數千年後將合爲一點，若前之漸消由於兩心之漸近，則今之消極而長，兩心亦將由近極而遠，數千年後，又安能合爲一點乎？彼蓋見授時消分有據，而姑爲此説，非能極論夫消長之故者也。然則將何以求其故？曰授時以前之漸消，既徵之經史而信矣。而今現行曆之歲實又稍大於授時。其為復長。亦似有據。竊考西歷最高卑。今定於二至後七度。依永年歷每年行一分有奇。則授時立法之時最高卑正與二至同度。而前此則在至前。過此則在至後。豈非高衝漸近冬至而歲餘漸消。及其過冬至而東。又復漸長乎。余觀七政歷於康熙庚申年移改最高半度弱。而其年歲實驟增一刻半強。此亦一徵也。存此以竢後之知歷者。己未年最高在夏至後六度三十九分。庚申年最高在夏至後七度七分。除本行外。計新移二十七分。己未年冬至庚戌日亥正一刻四分。庚申年冬至丙辰日寅正二刻二分。實計三百六十五日二十四刻十三分。前後各年。俱三百六十五日二十三刻四分或五分。以較庚申年歲實驟增一刻九分。

壬寅旭曰。歲實消長。其說不一。謂由日輪之轂漸近地心。其數浸消者非也。日輪漸近。則兩心差及所生均數亦異。以論定歲誠有損益。若平歲歲實。尚未及均數。則消長之源。與兩心差、何與乎。識者欲以黄赤極相距遠近求歲差朓朒。與星歲相較。爲節歲消長終始循環之法。夫距度既殊。則分至諸限亦宜隨易用求差數。其理始全。然必有平歲之歲差。而後有朓朒之歲差。有一定之歲實。而後有消長之歲實。以有定者紀其常。以無定者通其變。始可以永久而無弊。

按寅旭此論。是欲據黄赤之漸近以爲歲實漸消之根。蓋見西測黄赤之緯古大今小。今又覺稍贏。故斷以爲消極復長之故。然黄赤遠近。其差在緯。歲實消長。其差在經。似非一根。又西測距緯復贏者。彼固自疑其前測最小數之未真。則亦難爲確據。愚則以中歷歲實起冬至而消。極之時。高衝與冬至同度。高衝離至而歲實亦增。以經度求經差。似較親切。愚與寅旭生同時

而不相聞。及其卒也。乃稍稍見其書。今安得起斯人於九原而相與極論以質所疑乎

論恒星東移有據

問古以恒星卽一日一周之天。而七曜行其上。今則以恒星與七曜同法。而別立宗動。是一日一周者。與恒星又分兩重。求之古歷亦可通與。曰天一日一周。自東而西。七曜在天。遲速不同。皆自西而東。此中西所同也。然西法謂恒星東行。比於七曜。今考其度。葢卽古曆歲差之法耳。歲差法昉於虞喜。而暢於何承天祖冲之劉焯唐一行。歷代因之。講求加密。然皆謂恒星不動。而黃道西移。故曰天漸差而東。歲漸差而西。所謂天卽恒星所謂歲卽黃道分至也。西法則以黃道終古不動。而恒星東行。假

如至元十八年冬至在箕十度至康熙辛未歷四百十一年而冬至在箕三度半在古法謂是冬至之度自箕十度西移六度半而箕宿如故也在西法則是箕星十度東行過冬至限六度半而冬至如故也其差數本同所以致差者則不同耳然則何以知其必爲星行乎曰西法以經緯度候恒星則普天星度俱有歲差不止冬至一處此蓋得之實測非臆斷也然則普天之星度差古之測星者何以皆不知耶曰亦嘗求之於古矣蓋有三事可以相證其一唐一行以銅渾儀候二十八舍其去極之度皆與舊經異今以歲差考之一行銅儀成于開元七年其時冬至在斗十度而自牽牛至東井十四宿去極之度皆小於舊經是在冬至以後歷春分而夏至之半周其星自南而北南緯

增則北緯減，故去北極之度漸差而少也。自輿鬼至南斗十四宿去極之度皆大于舊經，是在夏至以後歷秋分而冬至之半周，其星自北而南，南緯減則北緯增，故去北極之度漸差而多也。詳星度嚮使非恒星移動，何以在冬至後者漸北，在夏至後者漸南乎。恒星循黃道行，實只東移，無所謂南北之行也。自赤緯觀之，則有南北之差，蓋橫斜之勢使然。而其一，古測極星即不動處，齊梁間測得離不動處一度強，祖暅所測。至宋熙寧測得離三度強，沈存中測，詳夢溪筆談。至元世祖至元中測得離三度有半，郭太史候極儀徑七度，終夜見極星循行環內切邊而行是也。嚮使恒星不動，則極星何以離次乎。其一，二十八宿之距度古今六測不同，詳元史。故郭太史疑其動移。此蓋星既循黃道東行，而古測皆依赤道，黃赤斜交，句弦異視，所以度有伸縮，正由距有橫斜耳。不則豈其前人所測皆不足憑哉。故僅以冬至言差。則中西之理本同。而合普天之星以求經緯。則恒星之東移有據。何以言之。近兩至處恒星之差在經度。故可言星東移者亦可言歲西遷。近二分處恒星之差竟在緯度。故惟星實東移。始得有差。若只兩至西移。諸星經緯不應有變也。如此則恒星之東移信矣。恒星既東移。不得不與七曜同法矣。恒星東移。既與七曜同法。即不得不更有天挈之西行。此宗動所由立也。

唐一行所測去極度與舊不同者列後。

舊經列宿去極度		唐測列宿去極度	
牽牛	百六度	牽牛	百四度
須女	百　度有脫字	須女	百一度

宿	度
虛	百四度
危	九十七度有誤字
營室	八十五度
東壁	八十六度
奎	七十六度
婁	八十度
胃昴	七十四度
畢	七十八度
觜觽	八十四度
參	九十四度
東井	七十度

宿	度
虛	百一度
危	九十七度
營室	八十三度
東壁	八十四度
奎	七十三度
婁	七十七度
胃昴	七十二度
畢	七十六度
觜觽	八十二度
參	九十三度
東井	六十八度

以上十四宿去極之度。皆古測大而唐測小。是所測去極之度少于古測。爲其星自南而北也又按唐開元冬至在斗十度。則此十四宿爲自冬至後歷春分而夏至之半周。

舊經列宿去極度		唐測列宿去極度	
輿鬼	六十八度	輿鬼	六十八度
柳	七十七度	柳	八十度半
七星	九十一度	七星	九十三度半
張	九十七度	張	百度
翼	九十七度	翼	百　三度
軫	九十八度	軫	百度
角	九十一度正當赤道	角	九十三度半在赤道南二度半

亢　八十九度　亢　九十一度半

氐　九十四度　氐　九十八度

房　百　八度　房　百一十度半

心　百　八度　心　百一十度

尾　百二十度　尾　百二十四度

箕　百一十八度　箕　百二十度

南斗　百一十六度　南斗　百一十九度

以上十四宿去極之度。皆古測小而唐測大。是所測去極之度多於古測。爲其星自北而南也。以冬至斗十度言之。則此十四宿爲自夏至後歷秋分而冬至之半周。

論七政高下

問傳言日月星辰繫焉而今謂七政各有一天何據曰屈子天問圜則九重孰營度之則古有其語矣七政運行各一其法此其說不始西人也但古以天如棊局不動而七政錯行如棊子之推移西人之說則謂日月五星各麗一天而有高下其天動故日月五星動非七政之自動也其所麗之天表裏通徹故但見七政之動耳不然則將如彗孛之類旁行斜出安得有一定之運行而可以施吾籌策乎且既各麗一天則皆天也雖有高下而總一渾灝之體於中庸所謂繫焉者初無牴牾也然則何以知其有高下曰此亦古所有但言之未詳耳古今曆家皆言月在太陽之下故月體能蔽日光而日爲之食是日高月下日遠月近之證也又步日食者以交道表裏而論其食分隨地所

見。深淺各異。故此方見食既者。越數千里。而僅虧其半。古人立法謂之東西南北差。是則日之下月之上。相距甚遠之證也。又月與五星皆能掩食恒星。是恒星最在上而於地最遠也。月又能掩食五星。是月最在下而於地最近也。五星又能互相掩。是五星在恒星之下月之上。而其所居又各有高下。於地各有遠近也。嚮使七政同在一規而無高下之距。則相遇之時必相觸擊。何以能相掩食而過乎。是故居七政之上。最近大圜。最遠於地者爲恒星。恒星之下。次爲土星。又次爲木星。次爲火星。次爲太陽。爲金。爲水。最近於地者爲月。以視差言之。與人目遠者視差。微近則視差大。故恒星之視差最微。以次漸增。至月而差極大也。以行度言之。近大圜者爲動天所掣。故左旋速而右移之度遲漸近地心則與動天漸遠而左旋漸遲卽右移之度反速故左旋之勢恒星最速以次漸遲至月而爲最遲也右移之度恒星最遲以次漸速至月而反最速也是二者宛轉相求其數巧合高下之理可無復疑夢溪筆談以月盈虧明日月之形如丸可謂明悉而又以問者之疑其如丸則相遇而相礙故輒漫應之曰日月氣也有形無質故相值而無礙此則未明視差之理爲智者千慮之失

論無星之天

問古以恒星不動七曜常移故有蟻行磨上之喻今恒星東移旣與七曜同法則恒星亦是蟻而非磨故雖宗動無星可信其有也然西法又謂動天之外有靜天何以知之曰此亦可以理信者也凡物之動者必有不動者以爲之根動而不息者莫如天則必有常不動者以爲之根矣天之有兩極也亦如磑之有

臍戶之有樞也。樞不動。故戶能開闔。臍不動。故磑能運旋。若樞與臍動。則開闔運旋之用息矣。然樞能制戶。臍能運磑。而此二者又誰制之而能不動哉。則以其所麗者常靜也。如戶之樞附於屋。而屋仍有基。基即地也。臍植於磑之下半。而磑安於架。架仍在地也。人但知樞之於戶。臍之於磑。能以至小為至大之君。而不知此至小者之根。又實連於大地之體。惟天亦然。動天之周。繫於兩極。而此兩極者必有所麗。其所麗者又必常靜。故能終古凝然。而為動天之樞也。使其不然。極且自動。而何以為動天之所宗乎。或曰。天不可以戶磑擬也。戶磑物也。天則一氣旋轉而已。豈必有所附著而後其樞不動哉。曰。天之異於物者。大小也。若以不動為動之根。無異理也。且試以實測徵之。自古言北極出地三十六度。而陽城之測。至今未改也。元史測大都北極之高四十度半。今以西測徵之。亦無分寸之移。故言歲差者不及焉。如黃赤古遠今近，日輪轂漸近地心之類。皆有今昔之差。惟北極出地之度不變。使天惟兀然浮空而又常爲動而不息之物。北極高下亦將改易。而何以高度常有定測乎。朱子嘗欲先論太虛之度。然後次及天行。太虛者。靜天之謂也。

朱子曰。而今若就天裏看時。只是行得三百六十五度四分度之一。若把天外來說。則是一日過了一度。蔡季通嘗言論日月則在天裏。論天則在太虛空裏。若在太虛空裏觀那天。自是日日衰得不在舊時處。又曰。歷法蔡季通說當先論天行。次及七政。此亦未善。要當先論太虛以見三百六十五度四分度之一。一一定位。然後論天行以見天度加損虛度之歲分。歲分既定。然後七政乃可齊耳。

臨川吳氏曰。天與七政八者皆動。今人只將天作硬盤。却以七政之動在天盤上行。今當以太虛中作一空盤。却以八者之行較其遲速。

論無星之天　其二

問靜天爲兩極所麗卽朱子所言太虛是已○然西法又設東西歲差南北歲差二重之天○其說何居○曰西人象數之學各有師授○故其法亦多不同○此兩歲差之天○利西泰言之○徐文定公作曆書時○湯羅諸西士棄不復用○厥後穆氏著天步眞原○北海薛氏本之著天學會通○則又用之○故知其授受非一家也○今卽其說推之○則穆與利又似不同○何也○西人測驗○謂黃赤之距漸近○此亦可名南北差○若東西歲差○則恒星之東移是已○而恒星旣爲一重天○不應復有東西歲差之天○則西泰所言○不知何指也○至於穆薛之說○則又不正言南北東西兩歲差○而別有加算○謂之黃道差○春分差○其法皆作小圈於心○而大圈之心循之而轉○若干年在前○若干年在後○其年皆以千計○有圖有數有法○且謂

作曆書時棄之非是也。然於泰西初說。亦不知同異何如耳。然則何以斷其有無。曰天動物也。但動而有常耳。常則久。久則不能無秒忽之差。差在秒忽。固無損於有常之大較。而要之其差亦自有常也。善步者以數合差而得其衰序。則儼然有形可說。有象可圖焉。如小輪之類。皆是物也。要之爲圖爲說。總以得其差數而止。其數既明。其差既得。又何必執其形象以生聚訟哉。

論天重數

問七政既有高下。恒星又復東移。動天一日一周。靜天萬古常定。則天之重數豈不截然可數與。曰此亦據可見之度可推之數而知其必有重數耳。若以此盡天體之無窮。則有所不能。即以西說言之。有以天爲九重者。則以七曜各居其天。幷恒星宗動而九也。有以天爲十二重者。則以宗動之外。復有南北歲差。東西歲差。幷永靜之天十二也。有以天爲層層相裹如葱頭之皮。密密相切。畧無虛隙者。利氏之初說也。又有以天雖各重。而其行度能相割。能相入。以是爲天能之無盡者。則以火星有時在日天之下。金星有時在日天之上。而爲此言。曆書之說也。又有以金水二星。遶日旋轉。爲太陽之輪。故二星獨不經天。是金水太陽合爲一重。而九重之數。又減二重。共爲七重也。然又謂五星皆以太陽爲本天之心。蓋如是則可以免火星之下割日天。是又將以五星與太陽幷爲一天。而只成四重也。一月天二太陽五星共爲一天三恒星天四宗動天。其說之不同如此。而莫不持之有故。其可以爲定議乎。嘗試論之。天一而已。以言其渾淪之體。則雖不動之地可指爲大圜之心。而地以上即天。地之中亦天。不容有二。若由其蒼蒼之無所至極以徵其體勢之高厚。則雖恒星同在一天。而或亦有高下之殊。儒者之言天也當取其明確可徵之辭。而略其荒渺無稽之事。是故有可見之象。則可以知其有附麗之天。有可求之差。則可以知其有高下之等。如恒星七政有一種皆有象有差。此皆實測之而有據者也。而有常動者以爲之運行。知其必有常靜者以爲之根柢。靜天之行度。知其有一樞紐。如動天無象可見而有行度。與地相應。故地亦天根。此則以理斷之而不疑者也。若夫七政恒星相距之間。天宇遼闊。或空澄而精湛。或絪緼而彌綸。無星可測。無數可稽。固思議之所窮。亦敬授之所緩矣。

論天重數二

問重數既難爲定則無重數之說長矣曰重數雖難定而必以有重數爲長何也以七政之行非赤道也臨川揭氏曰天無層數七政皆能動轉試以水注圓器而急旋之則見其中沙土諸物近心者凝而不動近邊者隨水而旋又且遲速洄漩以成留逆諸行矣又試以丸置於圓盤而輒轉其盤則其丸既爲圓盤所掣與盤並行而丸之體圓亦能自轉而與盤相逆以成小輪之象矣此兩喻明切諸家所未及然以七政能自動而廢重數之說猶未能無滯礙也何也謂天如盤七政如丸盤之與丸同在一平面故丸無附麗而能與盤同行又能自動也若天則渾圓而非平圓又天體自行赤道而七政皆行黃道平斜之勢甚相差遠若無本天以帶之而但如丸之在盤則七政之行必總

會于動天之腰圍闊處。皆行赤道。而不能斜交赤道之內外以行黃道矣。故曰以有重數爲長也。曰天既有重數則當如西人初說。七政在天。如木節在板。而不能自動矣。曰七政各居其天。原非如木節之在板也。各有小輪皆能自動。但其動只在本所。譬如人之目睛。未嘗不左右顧盼。而不離眉睫之間也。若如板之有節。則小輪之法。又將安施。即西說不能自通矣。故惟七政各有本天以爲之帶動。斯能常行于黃道而不失其恒。惟七政之在本天又能自動于本所。斯可以施諸小輪而不礙。揭說與西說。固可並存而不廢者也。

論左旋

問天左旋。日月五星右旋。中西兩家所同也。自橫渠張子有俱左旋之說。而朱子蔡氏因之。近者臨川揭氏。建寧游氏。又以槽丸盆水譬之。此孰是而孰非。曰皆是也。七曜右旋自是實測而所以成此右旋之度。則因其左旋而有動移耳。何以言之。七曜在天。每日皆有相差之度。歷家累計其每日差度。積成周天。中西新舊之法莫不皆然。夫此相差之度。實自西而東。故可以名之右旋。然七曜每日皆東升西降。故又可以名之左旋。西歷謂七曜皆有東西兩動。而並出於一時。蓋以此也。夫既云動矣。動必有所向。而一時兩動。其勢不能。古人所以有蟻行磨上之喻。而近代諸家又有人行舟中之比也。七曜如人。天如舟。舟揚帆而西。人在舟中。向舟尾而東行。岸上望之。則見人與舟並西行矣。　又天之東升西沒。自是赤道。七曜之東移於天。自是黃道。兩道相差南北四十七度。自短規至長規合之得此數。雖欲爲槽丸盆水之喻。而平面之行與斜轉之勢終成疑義。安可以遽廢右旋之實測而從左轉之虛理哉。然吾終謂朱子之言不易者。則以天有重數耳。曰天有重數何以能斷其爲左旋。曰天雖有層次以居七曜而合之總一渾體。故同爲西行也。同爲西行矣。而仍有層次以生微差。層次之高下各殊。則所差之多寡亦異。故七曜各有東移之率也。然使七曜所差只在東西順逆遲速之間。則槽丸盆水之譬亦已足矣。無如七曜東移。皆循黃道而不由赤道。則其與動天異行者不徒有東西之相違。而且有南北之異向。以此推知七曜在各重之天皆有定所。而其各天又皆順黃道之勢。以黃道爲其腰圍中廣。而與赤道爲斜交。非僅如丸之在槽。沙之在水。皆與其器平行而但生退逆也。在丸槽與其盤爲平面沙在水與其器爲平面故丸與盤同運而生退逆水與沙並旋而生退逆其順逆兩象俱在一平面蓋惟其天有重數故能動移惟其天之動移皆順黃道斯七曜東移皆在黃道矣是故左旋之理得重數之說而益明曰謂右旋之度因左旋而成何也曰天既有重數矣而惟恒星天最近動天故西行最速幾與動天相若六七十年始東移一度自土星以內其動漸殺以及於地球是爲不動之處則是制動之權全在動天而恒星以內皆隨行也使非動天西行則且無動無動即無差又何以成此右旋之算哉其勢如陶家之有鈞盤運其邊則全盤皆轉又如運重者之用飛輪其運動也亦以邊制中假令有小盤小輪附於大鈞盤大飛輪之上而別爲之樞則雖同爲左旋而因其制動者在大輪其小者附而隨行必相差而成動移以

生逆度。又因其樞之不同也。雖有動移必與本樞相應。而成斜轉之象焉。此之斜轉亦在平面。非正輪其平斜。但聊以明制動之勢。夫其退逆而右也。因其兩輪相疊。其退轉而斜行也。因於各有本樞。而其所以能退逆而斜轉者。則以其隨大輪之行而生此動移也。若使大者停而不行。則小者之逆行亦止。而斜轉之勢亦不可見矣。朱子既因舊說釋詩。又極取張子左旋之說。蓋右旋者巳然之故。而左旋者則所以然之理也。西人知此。則不必言一時兩動矣。故揭氏以丸喻七曜。只可施于平面。而朱子以輪載日月之喻。兼可施諸黃赤。與西說之言層次者實相通貫。理至者數不能違。此心此理之同。不以東海西海而異也。朱子語類。問經星左旋。緯星與日月右旋是否。曰今諸家是如此說。橫渠說天左旋。日月亦左旋。看來橫渠之說極是。只恐人不曉。所以詩傳只載舊說。或曰。此亦易見。如以一大輪在外。小輪載日月在內。大輪轉急。小輪轉慢。雖都是左轉。只有急有慢。便覺日月是右轉了。曰然。但如此。則歷家逆字皆着改做順字。退字皆着改做進字。

論黃道有極

問古者但言北辰。渾天家則因北極而推其有南極。今西法乃復立黃道之南北極。一天而有四極。何也。曰求經緯之度。不得不然也。蓋古人治歷以赤道為主。而黃道從之。故周天三百六十五度。皆從赤道分其度。一一與赤道十字相交。引而長之。以會於兩極。若黃道之度。雖亦勻分周天。（三百六十五）而有經度無緯度。則所分者只黃道之一線。初不據以分宮。故授時十二宮。惟赤道勻分。各得三十度奇。黃道則近二至者一宮或只二十八度。近二分者一宮多至三十二度。（皆約整數）若是其闊狹懸殊者何哉。過宮雖在黃道。而分宮仍依赤道。赤道之勻度。抵黃道而成斜交。勢有橫斜。遂生闊狹。故曰以赤道爲主而黃道從之也。向使歷家只步日躔。此法已足。無如月五星皆依黃道行。而又有出入。其行度之舒亟轉變。爲法多端。皆以所當黃道及其距黃之遠近內外爲根。故必先求黃道之經緯。西歷之法。一切以黃道爲主。其法勻分黃道周天度爲十二宮。其分宮分度之經度線。皆一一與黃道十字相交。自此引之各成經度大圈。以周於天體。則其各圈相交。以爲各度輳心之處者。不在赤道南北極。而別有其心。是爲黃道之南北極。自黃道兩極出線至黃道。卽黃道上分宮分度之線。引而成大圈以輳心者也。心卽黃極。故亦可云從極出線。其緯各得九十度而均。極距黃道四面皆均。故分宮分度線上之緯度皆均。以此各線之緯聯爲圈線。皆與黃道平行。自黃道上相離一度起。逐度作圈。但其圈漸小。以至九十度。則成一點。而會於黃極。是爲緯圈。一名距等圈曰黃道既有經緯。則必有所宗之極。測算所需固已。然則爲測算家所立歟。抑眞有是以爲運轉之樞耶。曰以恒星東移言之。則眞有是矣。何則古法歲差亦只在黃道之一綫。今以恒星東移。則普天星斗盡有古今之差。惟黃道極終古不動。豈非眞有黃極以爲運轉之樞哉。曰然則北辰非黃極也。今曰惟黃極不動。豈北辰亦動與。曰以每日之周轉言。則周天星度皆東升西沒。惟北辰不動。以恒星東移之差言。則雖北辰亦有動移。而惟黃極不動。蓋動天西旋。以赤道之極爲樞。而恒星東移。以黃道之極爲樞。皆本實測。各有至理也。古今測極星離不動處漸遠。具見前篇。

論歷以日躔爲主中西同法

問天方等國以太陰年紀歲。即回回法。歐邏巴國以恒星年紀歲。即西洋本法。若是其殊意者起算之端。亦將與中土大異。而何以皆用日躔爲主歟。曰其紀歲之不同者人也。其起算之必首日躔者天也。夫天有日。如國有君。史以紀國事。歷以紀天行。而史之綱在帝紀。歷之綱在日躔。其義一也。是故太陰之行度多端。無以準之。準於日也。太陰有周天。有會望。有遲疾入轉。有交道表裏。皆以所歷若干日而知其行度之率。五星之行度多端。無以準之。準於日也。五星亦有周天。有會望。有盈縮入曆。有交道表裏。畧同太陰。亦皆以日數爲率。恒星之行度甚遲。無以準之。亦準於日也。恒星東移。是生歲差。亦以日度知之。而得其行率。不先求日躔。且不能知其何年何日。而又何以施其測驗推步哉。且夫天下之事。必先得其著而後可以察其微。必先得其易而後可以及其難。必先得其常而後可以盡其變。故以測驗言之日最著也。以推步言之日最易也。以經緯之度言之日最有常也。懸象常明而無伏見。是爲最著。若月與星則有晦伏。立術步算道簡不繁。是爲最易。步月五星之法。皆繫于日。恆星東移而分至不易。是爲經度之有常。月五星出入黃道而日行黃道中線。是爲緯度之有常。古之聖人以賓餞永短定治曆之大法。萬世遵行。所謂易簡而天下之理得也。愚故曰今日之曆愈密。皆聖人之法所該。此其一徵矣。

論黃道

問黃道斜交赤道而差至四十七度。何以徵之。曰此中西之公論。要亦以日軌之高下知之也。今以表測日影則夏至之景短。

以其日近天頂而光從直下也。冬至之景長。以其日不近天頂而光從橫過也。夫日近天頂則離地遠而地上之度高。日不近天頂則離地近而地上之度低。測算家以法求之。則夏至之日度高與冬至之日度高相較四十七度半之則二十三度半爲日在赤道南北相距之度也。然此相較四十七度者非倏然而高頓然而下也。逐日測之。則自冬至而春而夏其景由長漸短日度由低漸高至夏至乃極。自夏至而秋而冬其景由短漸長日度由高漸低至冬至乃極。其進退也有序其舒亟也有恒而又非平差之率。故知其另有一圈與赤道相交出其內外也。曰日行黃道固無可疑。月與五星樊然不齊。未嘗正由黃道也。今曰七曜皆由黃道何也。曰黃道者光道也。（古黃字从炗从日，炗字卽古光字）曰爲三光之主。故獨行黃道。而月五星從之。雖不得正由黃道。而不能遠離。故皆出入於黃道左右。要不過數度止耳。古曆言月入陰陽歷離黃道遠處六度。西曆測止五度奇。又測五星出入黃道。惟金星最遠。能至八度。其餘緯度乃更少於太陰。是皆以黃道爲宗故也。故月離黃道五度奇。合計內外之差。共只十度奇。若其離赤道也。則有遠至二十八度半。以黃道距赤道二十三度半。加月道五度奇得之。合計內外之差。則有相差五十七度奇。以月在赤道內二十八度半。在外亦如之。併之得此數。金星離黃道八度奇。合計內外之差。共只十六度奇。若其離赤道也。則有遠至三十一度奇。以黃赤之距加星距黃。合計內外之差。則有相差六十二度奇。以星距赤道內外各三十一度得之。是月五星之出入黃道最遠者。於赤道能爲更遠。豈非不宗赤道。而皆宗黃道哉。

論經緯度黄赤

問：黄道有極以分經緯，然則經緯之度惟黄道有之乎？曰：天地之間，蓋無在無經緯耳。約畧言之，則有有形之經緯，有無形之經緯，而又各分兩條。畧言乎無形之經緯，凡經緯之與地相應者，其位置雖在地而實在無形之天，朱子所謂先論太虚一一定位者此也。畧言乎有形之經緯，凡經緯之在天者，雖去人甚遠而有象可徵，即黄赤道也。是故黄道有經緯，赤道亦有經緯。兩道之經度皆與本道十字相交，引而成大圈。經度皆三百六十，兩度相對者連而成大圈，故大圈皆一百八十。其圈相會相交，必皆會於其極。兩道之緯圈皆與本道平行，而逐度漸小，以至於本極而成一點。此經緯之度兩道同法也然而兩道之相差二十三度半故其極亦相差二十三度半而兩道緯圈之差數如之矣以黃緯爲主則赤緯之斜二十三度半以赤緯爲主而觀黃緯則其差亦然若其經度則兩道之相同者惟有一圈惟磨羯巨蟹之初度初分聯而爲一圈此圈能過黃赤兩極其餘則皆有相差之度而其差又不等惟一圈能過兩極則黃赤兩經圈合而爲一圈以黃赤兩極同居磨羯巨蟹之初也此外則黃道經圈只能過黃極而不過赤極赤道經圈亦只過赤極而不過黃極離磨羯巨蟹初度益遠其勢益斜其差益多故逐度不等此其勢如以兩重經緯網冒於圓球則網目交加縱橫錯午而各循其頂以求之條理井然至賾而不可亂故曰在天之經緯有形而又分黃赤兩條也

論經緯度二地平

問經緯之與地相應者一而已矣何以亦分兩條曰黃赤之分

兩條者有斜有正也地度之分兩條者有橫有立也今以地平分三百六十經度（三十度爲一宮共十二宮再剖之則二十四向）四面八方皆與地平圈爲十字而引長之成曲線以湊於天頂皆相遇成一點故天頂者地平經度之極也（其經度下達而輳於地心亦然）又將此曲線各勻分九十緯度（卽地平上高度又謂之漸升度）而逐度聯之作橫圈與地面平行而漸高則漸小會於天頂則成一點卽地平緯圈也（其地平下作緯圈至地心亦然）（如太陽朦影十八度而晝太陰十二度而見之類皆用此度也）此地平經緯之度爲測驗所首重其實與太虛之定位相應者也然此特直立之經緯耳（其經緯以天頂地心爲兩極是直立也其地平卽腰圍廣處而緯圈與地平平行漸小而至天頂亦成直上之形矣）又有橫偃之經緯焉其法以卯酉圈勻分三百六十度（亦三十度爲一宮此圈上過天頂下過地心而正交地平於卯酉之中卽地平經圈之一也其三百六十度亦卽經圈上所分緯度但今所用只圈上分度之一點

而不更作與地平平行之緯圈從此度分作十字相交之綫。引而成大圈。其圈一百八十。半在地平之上。半在其下。其地平上半圈皆具半周天度勢皆自正北趨正南穹窿之勢與天相際。度間所容中闊而兩末銳。畧如剖瓜。其兩銳在南北。其中闊在卯酉。大圈相遇相交皆會於正子午而正切地平。即子午規與地平規相交之一點。在地平直立經緯。原用子午規。卯酉規。爲經緯圈地平規爲腰圍之緯圈。今則以卯酉規爲腰圍。而于午規與地平規則同爲經度圈。此一點即爲經度之極。而經度宗焉。立象學安十二宮。用此度也。又自卯酉規向南向北逐度各作半圈如虹橋狀而皆與卯酉規平行地平下半圈亦然。合之則各成全圈。但離卯酉規漸遠。亦即漸小以會於其極。即地平規之正子午一點。是其緯圈也測算家以立晷取倒影定時。用此度也。此一種經緯。則爲橫偃之度。其經度以地平之子午爲兩極。而以卯酉規爲其腰圍。是橫偃之勢。一直立。一橫偃。其度皆與太虛之定位相應。故曰無形之經緯。亦分兩條也。不但此也。凡此無形之經緯皆以人所居之地平起算所居相距不過二百五十里卽差一度此以南北之里數言也若東西則有不二百五十里而差一度者矣何也地圓故也而所當之天頂地平俱變矣地平移則高度改天頂易則方向殊跬步違離輾轉異視殆千變而未有所窮故曰天地之間無在無經緯也

地平經緯有適與天度合者如人正居兩極之下則以一極爲天頂一極爲地心而地平直立之經緯卽赤道之經緯矣若正居赤道之下則平視兩極一切地平之子一切地平之午而地平橫偃之經緯亦卽赤道之經緯矣

按篇中所言地心乃地平下半周天與地中心正對之處若從天頂出直線過地中心而抵地下之半周天必當其處似宜名爲天頂沖免與地中之心相混後篇倣此穀成敬識

論經緯相連之用及十二宮

問經緯度之交錯如此得無益增測算之難乎曰凡事求之詳斯用之易惟經緯之詳此歷學所以易明也何也凡經緯度之法其數皆相待而成如鱗之相次網之在綱裒序秩然而不相凌越根株合散交互旁通有全則有分有正則有對即顯見隱舉一知三故可以經度求緯亦可以緯度求經有地平之經緯即可以求黃赤有黃赤之經緯亦可以知地平而且以黃之經求赤之經亦可以黃之緯求赤之經以黃之緯求赤之緯亦可以黃之經求赤之緯用赤求黃亦復皆然宛轉相求莫不脗合施於用從衡變化而不失其常求其源渾行無窮而莫得其隙夫是以布之於算而能窮差變筆之於圖而能肖星躔制之於

器而不違懸象此其道如棊方罫之間固善奕者之所當盡心也曰經緯之度既然以爲十二宮則何如曰十二宮者經緯中之一法耳渾圓之體析之則爲周天經緯之度周天之度合之成一渾圓而十二分之則十二宮矣然有直十二宮焉有衡十二宮焉有斜十二宮焉又有百游之十二宮焉以天頂爲極依地平經度而分者直十二宮也其位自子至卯左旋周十二辰辨方正位於是焉用之以子午之在地平者爲極而以地平子午二規爲界界各三宮者衡十二宮也其位自東地平爲第一宮起右旋至地心又至西地平而歷午規以復於東立象安命於是乎取之赤道十二宮從赤道極而分極出地有高下而成斜立是斜十二宮也加時之法於是乎取之則其定也西行之

度於是乎紀之則其游也黃道十二宮從黃道極而分黃道極繞赤道之極而左旋而黃道之在地上者從之轉側不惟月異而且時移晷刻之間周流千轉正邪升降之度於是乎取之故曰百游十二宮也然亦有定有游定者分至之限游者恒星歲差之行也知此數種十二宮而俯仰之間縷如掌紋矣然猶經度也未及其緯故曰經緯中之一法也

論周天度

問古歷三百六十五度四分之一而今定爲三百六十何也豈天度亦可增損與曰天度何可增減蓋亦人所命耳有布帛於此以周尺度之則於度有餘以漢尺度之則適足尺有長短耳於布帛豈有增損哉曰天無度以日所行爲度每歲之日旣三

百六十五日又四之一矣古法據此以紀天度宜爲不易奈何改之曰古法以太陽一日所行命之爲度然所謂四之一者訖無定率故古今公論以四分歷最爲疏闊而歷代斗分諸家互易至授時而有減歲餘增天周之法則日行與天度較然分矣又況有冬盈夏縮之異終歲之間固未有數日平行者哉故與其爲畸零之度而初不能合於日行卽不如以天爲整度而用爲起數之宗固推步之善法矣周天者數所從起而先有畸零故析之爲半周天爲象限爲十二宮爲二十四氣七十二候莫不先有畸零而日行之盈縮不與焉故推步稍難今以周天爲整數而但求盈縮是以整御零爲法倍易且所謂度生於日者經度耳而曆家所難尤在緯度今以三百六十命度則經緯通爲一法若以歲周命度則經度既有畸零準之以爲緯度畸零之算愈多若爲兩種度法則將變率相從益多糾葛故黃赤雖有正斜而度分可以互求

七曜之天雖有內外大小而比例可以相較以其爲三百六十者同也半之則一百八十四分之則九十而八線之法緣之以生故以製測器則度數易分以測七曜則度分易得以算三角則理法易明吾取其適於用而已矣可以其出於回回泰西而棄之哉（三百六十立算實本回回至歐羅巴乃發明之耳）況七曜之順逆諸行進退損益全在小輪爲推步之要耶然而小輪之與大輪比例懸殊若錙與銖而黍累不失者以其度皆三百六十也以至太陰之會望轉交五星之歲輪無一不以三百六十爲法而地球亦然故以日躔紀度但可施於黃道之經而整度之用該括萬殊斜側縱橫周通環應可謂執簡御繁法之最善者矣

終

歷算叢書輯要卷四十八

歷學疑問三

論盈縮高卑

問曰有高卑加減始於西法與。曰古歷有之。且詳言之矣。但不言卑高而謂之盈縮耳。曰日何以有盈縮。曰此古人積候而得之者也。秦火以還典章廢闕。漢晉諸家皆以太陽日行一度。故一歲一周天。自北齊張子信積候合蝕加時。始覺日行有入氣之差。而立爲損益之率。又有趙道嚴者。復準晷景長短。定日行進退。更造盈縮以求虧食。至隋劉焯立躔度與四序升降爲法。加詳。厥後皆相祖述。以爲步日躔之準。葢太陽行天三百六十五日。惟只兩日能合平行。一在春分前三日。一在秋分後三日。一年之內。能合平行者惟此二日。

此外日行皆有盈縮。而夏至縮之極。每日不及平行二十分之一。冬至盈之極。又過於平行二十分之一。兩者相較。爲十分之一。以此爲盈縮之宗。而過此皆以漸而進退焉。此盈縮之法所由立也。曰日躔既每日有盈縮。則歲周何以有常度。曰日行每日不齊。而積盈積縮之度。前後自相除補。故歲周得有常度也。（細考之古今歲周亦有微差。此只論其大較。則實有常度。）今以授時之法論之。冬至日行甚速。每日行一度有奇。歷八十八日九十一刻。當春分前三日。而行天一象限。（古法周天四之一爲九十一度三十分奇。下同。）謂之盈初。歷此後則每日不及一度。其盈日損。歷九十三日七十一刻。當夏至之日。復行天一象限。謂之盈末。歷夫盈末之行。每日不及一度而得爲盈歷者。以其前此之積盈未經除盡。總度尚過於平行。故仍謂之盈若其每日細行固悉同縮初此盈末縮初可爲一法也試以積數計之盈初日數少而行度多其較爲二度四十分盈末日數多而行度少其較亦二度四十分以盈末之所少消盈初之所多則以半歲周之日（共一百八十二日六十二刻奇）行半周天之度（一百八十二度六十二分奇）而無餘度矣夏至日行甚遲每日不及一度歷九十三日七十一刻當秋分後三日而行天一象限謂之縮初歷此後則每日行一度有奇其縮日損歷八十八日九十一刻復當冬至之日而行天一象限謂之縮末歷夫縮末之行每日一度有奇而亦得爲縮歷者以其前此之積縮未能補完總度尚後於平行故仍謂之縮若其每日細行則悉同盈初此縮末盈初可爲一法也試以積數計之縮初日數多而行度少其較爲二度

四十分縮末日數少而行度多其較亦二度四十分以縮末之所多補縮初之所少則亦以半歲周之日行半周天之度而無欠度矣夫盈歷縮歷既皆以前後自相除補而無餘欠則分之而以半歲周行半周天者合之即以一歲周行一周天安得以盈縮之故疑歲周之無常度哉

再論盈縮高卑

問日有盈縮是矣然何以又謂之高卑曰此則回回泰西之說也其說曰太陽在天終古平行原無盈縮人視之有盈縮耳夫既終古平行視之何以得有盈縮哉蓋太陽自居本天而人所測其行度者則爲黃道黃道之度外應太虛之定位即天元黃道與靜天相應者也其度勻剖而以地爲心太陽本天度亦勻剖而其天不以

地爲心。於是有兩心之差。而高卑判矣。是故夏至前後之行度未嘗遲也。以其在本天之高半。故去黃道近而離地遠。遠則見其度小。（謂太陽本天之度。）而人自地上視之遲於平行矣。（縮初盈末半周是太陽本天高處故在本天行一度者在黃道不能占一度而過黃道遲。）是則行度之所以有縮也。冬至前後之行度未嘗速也。以其在本天之低半。故去黃道遠而離地近。近則見其度大。（亦謂本天之匀度。）而人自地上視之速於平行矣。（盈初縮末半周是太陽本天低處故在本天行一度者在黃道占一度有餘而過黃道速。）是則行度之所以有盈也。且夫行度有盈縮。而且日日不同。則不可以籌策御。而今以圓法解之。不同心之理通之。在高度不得不遲。在卑度不得不速。高極而降。遲者不得不漸以速。卑極而升。速者不得不漸以遲。遲速之損益。循圜周行。與算數相會。是則盈縮之徵於實測者皆一一能得其所以然之故。此高卑之說深足爲治歷明時之助者矣。

太陽之平行者在本天，太陽之不平行者在黃道。平行之在本天者終古自如，不平行之在黃道者晷刻易率。惟其終古平行，知其有本天；惟其有本天，斯有高卑以生盈縮，不平行之率以平行而生者也。惟其盈縮多變，知其有高卑；惟其盈縮生於高卑，驗其在本天平行，平行之理又以不平行而信者也。夫不平行之與平行道相反矣，而求諸圜率適以相成，是蓋七曜之所同然，而在太陽尤爲明白而易見者也。月五星多諸小輪加減，故本天不同心之理，惟太陽最明。

論最高行

問以高卑疏盈縮確矣然又有最高之行何耶曰最高非他卽盈縮起算之端也盈縮之算旣生於本天之高卑則其極縮處卽爲最高如古法縮歷之起夏至也極盈處卽爲最卑如古法盈歷之起冬至也亦謂之最高衝或省曰高衝。然古法起二至者以二至卽爲盈縮之端也西法則極盈極縮不必定於二至之度而在其前後又各年不同故最高有行率也其說曰上古最高在夏至前今行過夏至後每年東移四十五秒今又定爲一年行一分一秒十微。何以徵之曰凡最高爲極縮之限則自最高以後九十度及相近最高以前九十度其距最高度等則其所縮等何也以視度之小於平度者並同也古法以盈末縮初通爲一限。亦是此意。高衝爲極盈之限則自高衝以後九十度及相近高衝以前九十度其距高衝度等則其所盈亦等何也以視度之大於平度者並同也古法以縮末限盈初通爲一限亦是此意今據實測則自定氣春分至夏至一象限即古盈末限之日數與自夏至後至定氣秋分一象限即古縮初限之日數皆多寡不同又自定氣秋分至冬至一象限即古盈初限之日數亦多寡不同由是觀之則極盈極縮不在二至明矣曰若是則古之實測皆非與曰是何言也言盈縮者始於張子信而後之歷家又謂其損益之未得其正由今以觀則子信時有其時盈縮之限後之歷家又各有其時盈縮之限測驗者各據其時之盈縮爲主則追論前術覺其未盡矣此豈非最高之有動移乎又古之盈縮皆以二十四氣爲限至郭太史始加密算立爲每日每度之盈縮加分與其積度由今考之則郭太史時最高卑與二至最相

近。自歷元戊辰逆溯至元辛巳三百四十八年。而最高卑過二約至六度。以今率每年最高行一分一秒十微計之。其時最高約與夏至同度。以西人舊率每年高行四十五秒計之。其時最高已行過夏至一度三十餘分。其距度亦不爲甚遠也。故盈縮起二至。初無謬誤。測算雖密。祇能明其盈縮細分。若最高距至之差。無緣可得。非考驗之不精也。

論高行周天

問最高有行。能周於天乎。抑只在二至前後數十度中東行而復西轉乎。曰以理徵之。亦可有周天之行也。曰然則何以不徵諸實測。曰無可據也。歷法西傳曰古西士去今一千八百年以三角形測日軌。記最高在申宮五度三十五分。今以年計之。當在漢文帝七年戊辰。自漢文帝戊辰順數至歷元戊辰。積一千八百算外。此時西歷尚在權輿。越三百餘年至多祿某而諸法漸備。然則所謂古西士之測算或非精率。然而西史之所據止此矣。又况自此而逆溯於前。將益荒遠。而高行之周天以二萬餘年爲率。亦何從而得其起算之端乎。是故以實測而知其最高之有移動者。只在此千數百年之內。其度之東移者。亦只在二至前後一宮之間。若其周天則但以理斷而已。曰以理斷其周天亦有說與。曰最高之法。非特太陽有之。而月五星皆然。其加減平行之度者。亦中西兩家所同也。故中歷太陽五星皆有盈縮。太陰則有遲疾。在西法則皆曰高卑視差而已。然則月孛者。太陰最高之度也。而月孛既有周天之度矣。太陽之最高何獨不然。故曰以理徵之。最高得有周天之行也。

論小輪

問以最高疏盈縮。其義已足。何以又立小輪。曰小輪卽高卑也。但言高卑。則當爲不同心之天以居日月。小輪之法。則日月本天皆與地同心。特其本天之周。又有小輪爲日月所居。是故本天爲大輪。負小輪之心向東而移。日月在小輪之周也。卽邊向西而行。大輪移一度。日月在小輪上亦行一度。大輪滿一周。小輪亦滿一周。而盈縮之度。與高卑之距。皆不謀而合。囘囘曆以七政平行爲中心行度。蓋謂此也。

圖如後

小輪圖

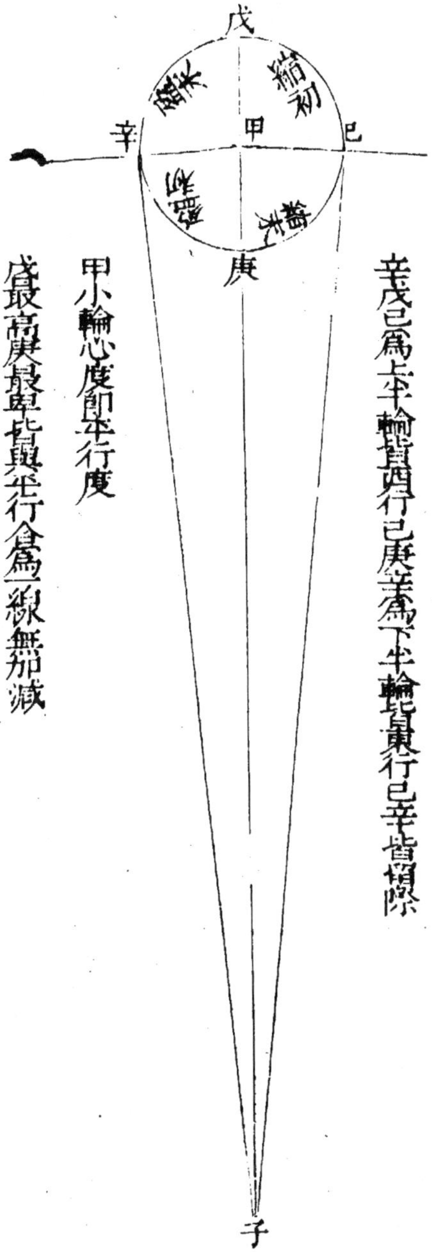

戊　縮初　縮末　辛　甲　己　盈初　盈末　庚　子

甲爲小輪心　亦即中距　子爲地心　子甲爲本天半徑

戊爲最高　子戊之距遠於半徑　庚爲最卑　子庚之距近於半徑

辛戊己爲上半輪皆自西行己庚辛爲下半輪皆自東行己辛皆頂際

甲小輪心度即平行度

戊最高庚最卑皆與平行合爲一線無加減

己爲減極之限在平行之西　辛爲加極之限在平行之東

戊己庚爲縮曆半周皆有減度庚辛戊爲盈曆半周皆有加度

小輪變不同心圈之圖

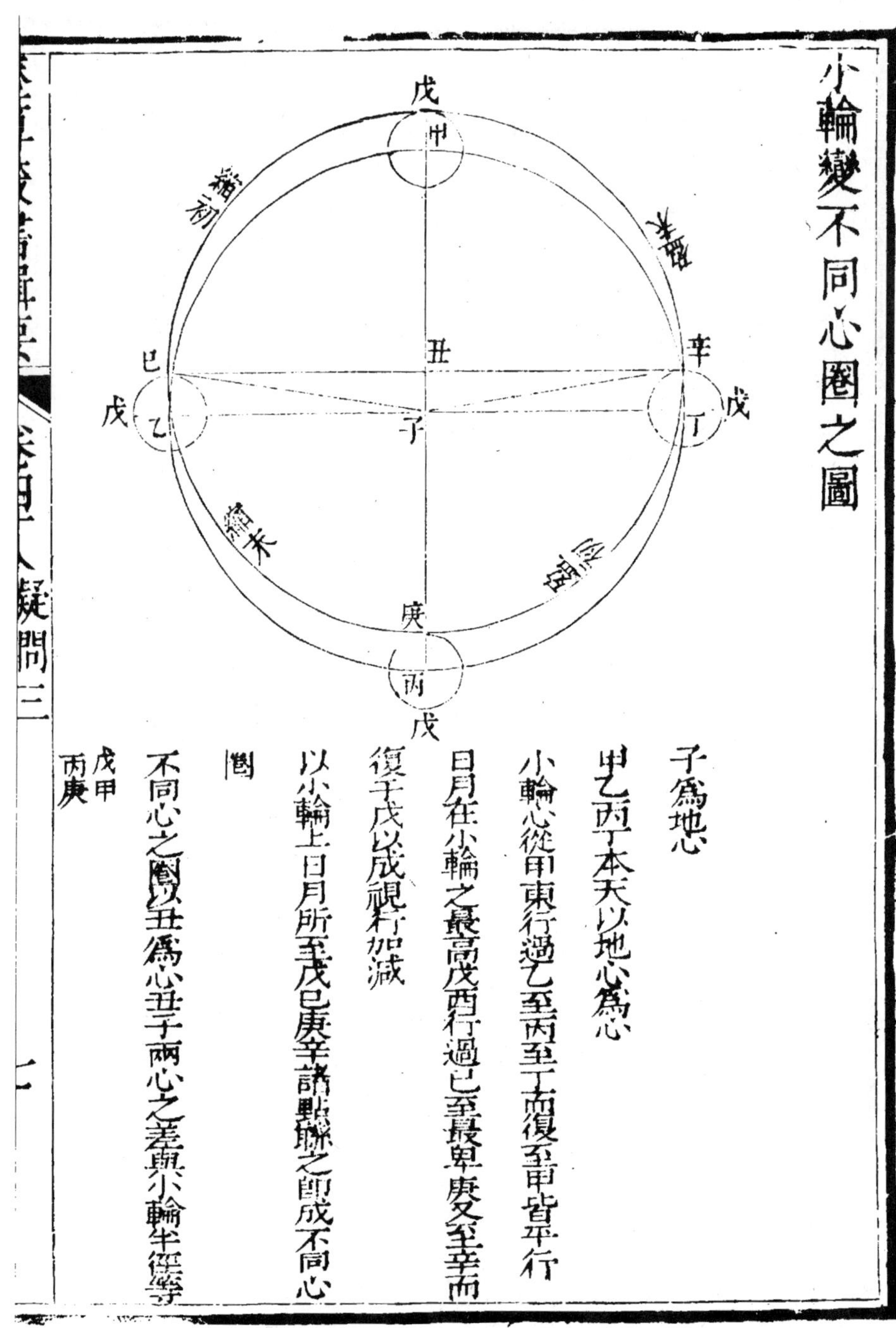

子為地心

甲乙丙丁本天以地心為心

小輪心從甲東行過乙至丙至丁而復至甲皆平行

日月在小輪之最高戊西行過巳至最卑庚又至辛而復至戊以成視行加減

以小輪上日月所至戊巳庚辛諸點聯之即成不同心圈

不同心之圈以丑為心丑子兩心之差與小輪半徑等戊甲丙庚

凡日月在小輪上半順動天西行。故其右移之度遲於平行爲減。在小輪下半逆動天而東。故其右旋之度速於平行爲加。五星同理。若在上下交接之時。小輪之度直下不見其行。謂之留際。留際者不東行不西行。無減無加。與平行等。此小輪上逐度之加減以上下而分者也。用第一圖。自辛留際過戊最高至巳爲上半。皆西行。自巳留際過庚最卑至辛爲下半。皆東行。巳辛兩留際循小輪之旁。不見其動。若以入表則分四限小輪上半折半取中爲最高。小輪下半折半取中則爲最卑。最卑最高之點皆對小輪心與地心而成直線。七政居此。即與平行同度。故爲起算之端。假如七政起最高。在小輪上西行。能減東移之度。半象限後西行漸緩。所減漸少。至一象限而及留際。不復更西。即無所復減。然積減之多。反在留際。何也。七政至此其視度距小輪心之西爲大也。在古法則爲縮初。用第一圖。自戊至己一象限。減度最大。爲己甲小輪半徑。其既過留際而下。轉而東行。本爲加度。因前有積減。僅足相補。其視行仍在平行之西。至一象限而及最卑。積減之數。始能補足而復於平行。是爲縮末。用第一圖。自己留際至庚最卑一象限。

又如七政至最卑。在小輪下東行。能加東移之度。半象限後。東行漸緩。所加漸少。至一象限而又及留際。不復更東。亦無所復加。然積加之多。亦在留際。何也。七政至此。其視度距小輪心之東爲大也。在古法則爲盈初。第一圖。自庚最卑至辛留際一象限。加度最大。爲甲辛小輪半徑。過留際而上。復轉西行。即爲減度。然因前有積加。僅足相消。其視行仍在平行之東。至一象限而復及最高。積加之度。始能消盡而復于平行。是爲盈末。第一圖。自辛留際至戊最高一象限。此則表中入算加減。從小輪之左右而分者也。

再論小輪及不同心輪

小輪之用有二。其一為遲速之行。在古歷則為日五星之盈縮。月之遲疾。西法則總謂之加減。即前所疏者是也。其一為高卑之距。即回回歷影徑諸差是也。凡七政之居小輪最高。其去人遠。故其體為之見小焉。其在最卑去人則近。故其體為之加大焉。驗之於日月交食尤為著明。別條詳之是故所謂平行者小輪之心。而所謂遲速者小輪之邊與其心前後之差。即東西所謂高卑者小輪之邊與其心上下之距也。知有小輪而進退加減之行度。遠近大小之視差。靡所不貫矣。

然則何以又有不同心之算。曰不同心之法。生於小輪者也。試以第二圖明之甲乙丙丁圈七政之本天即小輪心所行之道也以子爲心即地心也假如小輪心在甲則七政在戊爲小輪最高小輪心自甲東移一象限至乙七政之在小輪亦從戊西行一象限至已爲留際小輪心東移滿半周至丙七政在小輪亦行半周至庚爲最卑由是小輪心東移滿二百七十度至丁七政亦行小輪二百七十度至留際辛小輪心東移滿一周復至甲七政行小輪上亦行滿一周復至最高戊若以小輪上七政所行之戊已庚辛諸點聯之即成大圈此圈不以地心爲心而别有其心故曰不同心圈也如圖地心在子不同心圈之心在丑丑子兩心之差與小輪之半徑等故可以小輪立算者亦可以不同心立算而行度之加減與視徑之大小亦皆得數相

符也。

論小輪不同心輪孰爲本法八

問二者之算悉符。果孰爲本法。曰渾宇寥廓。天載無垠。吾不能飛形御氣。翺步乎日月之表。亦輪之在天。不知其有焉否耶。然而以求朓朒之行。則既有其度矣。以量高卑之距。則又有其差矣。雖謂之有焉可也。至不同心之算。則小輪實已該之。何也。健行之體。外實中虛。自地以上。至于月天。大氣所涵。空洞無物。故各重之天。雖有高卑。而高卑兩際。只在本天。七政各重之天。相去甚遠。其間甚厚。故可以容小輪。而其最高最卑。皆不越本重之內。非別有一不同之心。遶地而轉也。不同心之天。既同動天西運。則其心亦將遶地而旋。況七政兩心之差。各一其率。若使其不同之心。皆繞地環行。亦甚渙而無統矣。愚故曰不同心之算生於小輪。而小輪實已該之。觀回回曆但言小輪。可知其爲本法。而地谷於西術最後出。其所立諸圖。悉仍用小輪爲説。亦足以徵矣。

論小輪不同心輪各有所用

問小輪與不同心輪既異名而同理。擇用其一。不亦可乎。曰論相因之理。則不同心之算從小輪而生。論測算之用。則小輪之徑亦從不同心而得。故推朓朒之度。於小輪特親。小輪心即平行度也。從最高過輪心作線至地心爲平行指線。剖小輪爲二。則小輪而求右半在平行線西爲朒。左半在平行線東爲朓。觀圖易了。求最高之行。以不同心立算最切。然則其理互通。其用相輔。並存其説。亦足以見圜行之無方。而且可爲參稽之藉矣。最高在天。不可以目視。不可以器測。惟據朓朒之度以不同心

之法測之而得其兩心之差是卽爲小輪之半徑於以作圖立算而朓朒之故益復犁然是故不同心者卽測小輪之法也

論小輪心之行及小輪上七政之行皆非自動

問小輪心逆動天而右旋日月五星之在小輪也又逆本天而順動天以左旋何若是其交錯與意者七政各有能動之性而其動也又恒以逆爲順與今夫魚溯川而游順鱗鬐也鳥逆風而翔便羽毛也夫七政之行亦將若是而已矣曰子以小輪心自爲一物而不與本天相連乎曰非也小輪心常在本天之周殆相連耳曰七政居小輪之周豈不若小輪心之在本天乎曰然曰然則小輪心在本天七政在小輪體皆相連其非若魚之川泳鳥之雲飛也審矣然則何爲而有動移曰小輪心非能自

動也。小輪之動本天之動也。七政亦非自動也。七政之動。小輪之動也。其故何也。蓋小輪心既與本天相連。必有定處。因本天爲動天所轉。與之偕西。而不及其速。以生退度。故小輪心亦有退度焉。歷家紀此退度以爲平行。回回曆所謂中心行度故曰小輪之動。本天之動也。然則小輪心者。小輪之樞也。樞連於本天不動故輪能動。而七政者又相連於小輪之周者也。小輪動則七政動矣。故曰七政之動。小輪之動也。七政雖動。不離小輪。輪心雖移不離本天。又恒爲周動而有定法。豈若游鱗征鳥之於波瀾風霄而莫限所屆哉。

再論小輪上七政之行

問本天移。故小輪心移。小輪動。故七政動。是則然矣。然何以七政在小輪上西行。不與輪心同勢。豈非七政自有行法與。曰七政之居小輪也有一定之向。本天挈小輪心東移。而七政在小輪上常向最高。殆其精氣有以攝之也。故輪心東移一度。小輪上七政亦西遷一度以向最高。譬之羅金。小輪者其盤也。小輪心者置針之處也。七政所居則針所指之午位也。試爲大圓周分三百六十度。以法周天。別爲大圈加其上。使與大圓同心而可運。以法同心輪。乃置羅金於大圈之正午。而依針以定盤。則針之午卽盤之午。此如小輪在最高。而七政居其頂與最高同處也。於是運大圈東轉使羅金離午而東。此如本天挈小輪而東移也。則盤針之指午者必且西移而向丁向未。因正午所定之盤不復更置。則此時之丁之未實爲針之午。此如小輪從本天東移。而七政西遷。居小輪之旁以向最高之方。盤東移一度。針亦西移一度。盤東移一宮。針亦西移一宮。盤東行半周至大圓子位則針在盤上亦西移半周而反指盤之子。此時盤之子。實針之午。此如小輪心行至最高冲。而七政居小輪之底。在小輪爲最卑。而所向者最高之方也。盤東移三百六十度而復至午。針亦西移一周而復其故矣是何也。針自向午不以盤之東移而改其度自盤上觀之見爲西移耳七政之常向最高何以異是。七政在小輪上。常向最高之方。觀第二圖可見。

論小輪非一

問小輪有幾。曰小輪以算視行。視行非一。故小輪亦非一也。凡算視行有二法。或用不同心輪則惟月五星有小輪而日則否。何也。以盈縮高卑。即於不同心之輪可得其度。故不以小輪加減而小輪之用已藏其中也。或用同心輪負小輪則日有一小輪。月五星有兩小輪其一是高卑小輪爲日五星之盈縮月之遲疾即不同心之算七政所同也其一是合望小輪在月爲倍離（即晦朔弦望）在五星爲歲輪（即遲留逆伏）皆以距日之遠近而生故太陽獨無也若用小均輪則太陽有二小輪其一爲平高卑二爲定高卑而月五星則有三小輪其一二爲平高卑定高卑與太陽同其三爲太陰倍離五星歲輪與太陽異也凡此皆以齊視行之不齊有不得不然者然小輪之用不同而名亦易相亂（如月離以高卑輪爲自行輪又稱本輪又曰古稱小輪其定高卑輪五星稱小均輪月離稱均輪或稱又次輪至于距日而生之輪月離稱次輪五星或稱次輪或稱年歲輪然亦曰古稱小輪）今約以三者別之一曰本輪七政之平高卑是也一曰均輪七政平高卑之輪上又有小輪以加減之爲定高卑此兩小輪相須爲用二而一者也一曰次輪月五星距日有遠近而生異行故曰次輪而五星次輪則直稱

之歲輪也。

論七政兩種視行七政從天。月五星又從日。

問小輪有三又或爲二何也曰小輪舊只用二。一本輪。一次輪。新法用三。一本輪。一均輪。一次輪。然而均輪者所以消息乎本輪爲本輪微細之用故曰二而一者也是則輪雖有三實則兩事而已何謂兩曰七政皆從天以生本輪而月五星又從乎日以生次輪天西行故七政之本輪皆從天而西轉其行皆向最高也日月五星之在本輪俱向本天最高。其本輪心離最高一度。本輪周亦行一度。似爲所攝。自天東移故月五星之合望次輪皆從日而東運其行皆向日也月五星離日若干。次輪度惟亦行若干。是爲日所攝。本輪從天於是有最高卑之加減而其行度必始於最高本輪行始於本天最高。而均輪即始於本輪之最高卑。故本輪均輪至最高卑皆無加減爲起算之端。惟次輪從日。於是有離日之加減而其行度必始於會日。月次輪行始於朔望。星次輪始於合伏。故月至朔望。五星合日冲日。皆無次輪加減。是故七政皆以半周天之宿度行縮歷半周天之宿度行盈歷歷宿度三百六十而本輪一周起最高終最高也。因最高有行分。故視周天稍贏。然大致不變。月之遲疾亦然。次輪則月以歷黃道一周而又過之凡三百八十九度奇而行二周起朔望終朔望也。五星歲輪。即次輪。則土以行黃道十二度奇木以三十三度奇火以四百○八度奇金以五百七十五度奇水以一百十四度奇。而皆一周起合伏終合伏也。治歷者用三小輪以求七政之視行惟此二者故曰兩事也。金水二星會日後。皆行黃道宿一周。又復過之。然後再與日會。

論天行遲速之原

問天有重數則在外者周徑大。而其度亦大。故土木之行遲。在內者周徑小而其度亦小故金水月之行速七政之行勢畧同特其度有大小而分遲速耳以是爲右旋之徵不亦可乎曰此必七政另爲一物以行於本天之上故可以度之大小爲遲速也今七政既與天同體而非另爲一物則七政之東升西沒即其本天之東升西沒也且使各天之行各自爲政則其性豈無緩急而自外至內舒亟之次如是其有等乎蓋惟七政之天雖有重數而總爲一天制動之權全在動天故近動天者不得不速近地而遠動天者不得不遲固自然之理勢也曰若是則周徑大小可勿論矣曰在外者爲動天所掣而西行速故其東移之差數遲又以其周徑大而分度濶則其差又遲是故恒星六七十年而始差一度近動天也然以周徑之大小準之此所差

之一度以視月天將以周計矣。在內者遠於動天而西行遲。故其東移之差速。又以其周徑小而分度狹。則其差又速。是故月天一日東移十三四度者。近地而遠動天也。然以周徑計之。此所差之十三四度。以視日天。尚不能成一度矣。然則周徑之大小。但可兼論以考其差。而非所以遲速之原也。左旋之說可以無疑。

論中分較分

問中分較分何也。曰較分者是五星在最卑本輪時。逐度歲輪周。次均之增數也。凡算次均。皆設歲輪心在本輪最高。而逐度歲輪周。定其均數。或視差在輪心東爲加。西爲減。以生遲留逆伏諸行。列之於表。命曰次均。再設心在最卑。亦逐度定其均數。所得必大於最高。法以先所得最高時逐度之均數（即次均）減之其餘爲較分若曰此歲輪上逐度視差在最卑時應多此數也所以者何視差之理遠則見小近則見大歲輪之在最卑去地爲近此在最高必大故也

然則又何以有中分曰較分者次均之較而中分者又較分之較也使歲輪心常在最高與最卑則只用次均與較分亦已足矣無如自最高至最卑中間一百八十度歲輪皆得遞居則次均之較各異（歲輪心行於本輪離最高而下以漸近地則星在歲輪周逐度所生之次均必皆漸大於在最高時而心離最高時時不等即次均之所增亦必不等而較分悉變）勢不能一一爲表故以中分括之其法以本輪之度分爲主若歲輪各度在本輪最卑時較分若干今在本輪他度則較分只應若干也故以最卑之較分命其比例爲六十分（即中分之全分）而其餘自離最卑一度起各有所減

減至最高而無中分則亦無較分只用次均本數矣是故較分於次均恒爲加而以中分求較分則於較分恒爲減表所列較分皆輪心在最卑之數各以中分乘之六十除之變爲輪心未至最卑最卑之較分視在最卑皆爲小數其比例爲歲輪心在某度之較分與在最卑之較分若中分與六十分也故曰中分者較分之較也

再論中分

問中分之率既皆以較分爲六十分之比例則皆以本輪度距最卑之遠近而得中分之多寡乃五星之中分各有異率何與

曰中分之率生於距地之遠近而五星各有其本天半徑之比例則其平行之距地遠近懸殊而兩心差亦各不同則又有本輪半徑與其本天半徑之比例矣至於歲輪之大小復參差而

不齊。如土木本天大而歲輪小。金星本天小而歲輪大。而火星在水星之上。則火星本天大而歲輪反大。水星本天小而歲輪反小。積此數端而較分之。進退紆亟攸分。此五星之中分所以各一其率也。要其以最卑爲較分之大差。當中分之六十一而已矣。

論回回歷五星自行度

問諸家多以五星自行度爲距日度。然乎。曰自行度生於距日遠近。然非距日之度。何也。星在黃道有順有逆有疾有遲。其距太陽無一平行。而自行度終古平行。故但可謂之距合伏之行而非距日之度也。此在中土舊法。則爲段目。其法合計前後兩合伏日數。以爲周率。周率析之爲疾行遲行退行及留而不行。

諸段之日。疾與遲皆有順行度數。退則有逆行度數。其度皆黃道上實度也。回曆不然。其法則以前合伏至後合伏成一小輪。小輪之心行於黃道。而星體所行非黃道也。乃行於小輪之周耳。近合伏前後。行輪上半。順輪心東行。而見其疾。衝日前後。行輪下半。則逆輪心西行。而見其遲留且退。其實星在輪周環輪自平行也。故以輪周勻分三百六十度。爲實前合伏至後合伏日率爲法除之。得輪周每日星行之平度。是之謂自行度也。若以距太陽言。則順輪心而見疾。距日之度必少。逆輪心而遲退。距日之度必多。安所得平行之率哉。故曰自行者。星距合伏之行。而非距日之行也。

論回回歷五星自行度二

問自行度既非距日度。又謂其生於距日何也。曰星既在輪周行矣。而輪之心實行於黃道。與太陽同爲右旋而有遲速。當合伏時。星與輪心與太陽皆同一度。星在輪之頂。作直線過輪心至太陽。直射地心。皆在黃道上同度。如月之合朔。然不過晷刻之間而已。自是以後。太陽離輪心而東。輪心亦隨太陽而東。太陽速。輪心遲。輪心所到。必在太陽之後。以遲減速。而得輪心每日不及太陽之恒率。是則爲距日行也。即平行距日。然而輪心隨太陽東行。星在輪周亦向太陽而東行。太陽離輪心相距一度。黃道上度。星在輪周從合伏處輪頂。東行亦離一度。小輪上度。太陽離輪心一象限。如月上弦。星在輪周亦離合伏一象限。乃至太陽離輪心半周。與輪心冲。星在輪周亦離合伏半周。居輪之底。復與輪心同度。而衝太陽。自輪頂合伏度作線過輪心至星之體。又過地心以至太陽。黃道上躔度皆成一直線。如月之望。再積其度。太陽離輪心之衝度而東。輪心亦自太陽之衝度而東。然過此以往。太陽反在輪心之後。假如輪心不及太陽。積至三象限。則太陽在輪心後只一象限。因其環行。故太陽之行速在前者。半周以後。太陽反在輪心之後。若追輪心未及者然。如月下弦。星在輪周亦然。自輪底行一象限。則離輪頂合伏爲三象限。而將復及合伏。尚差一象限。逮太陽離輪心之度滿一全周。而輪心與太陽復爲同度。則星在輪周。亦復至合伏之度而自行一周矣。星輪心。太陽三者皆復同爲一直線。以直射地心。如月第二合朔。凡此星行輪周之度。無一不與輪心距日之度相應。主日而言。則爲太陽離輪心之度。主星而言。則爲輪心不及太陽之距度。其義一也。故曰自行之度生於距日。然是輪心距日。非星距日也。

論囘囘歷五星自行度三

問輪心距日與星距日何以不同乎曰輪心距日平行星距日不平行惟其不平行是與自行度之平行者判然爲二故斷其非距日度也惟其平行是與自行度相應故又知其生於距日也

然則自行度不得爲星距日度獨不得爲輪心距日度乎曰輪心距日雖與自行相應能生其度然其度不同輪心是隨日東行倒算其不及於日之度星在輪周環行是順數其行過合伏之度不同一也又輪心距日是黃道度七政所同星離合伏自行是小輪周度小於黃道度又各星異率小輪小於黃道而小輪周亦勻分三百六十度其度必小於黃道度而各星不同二也若但以自行之初之小輪周徑各異度亦從之而異與日同度自行半周每與日冲而徑以距日與自行混而爲一

豈不毫釐千里哉

論新圖五星皆以日爲心

問五星天皆以日爲心然乎。曰西人舊說。以七政天各重相裹。厥後測得金星有弦望之形。故新圖皆以日爲心。但上三星輪大而能包地。金水輪小不能包地。故有經天不經天之殊。然以實數攷之。惟金水抱日爲輪。確然可信。若木火土亦以日爲心者。乃其次輪上星行距日之跡。非眞形也。

凡上三星合伏後。必在太陽之西而晨見。于是自歲輪最遠處東行而漸向下。及距日之西漸遠。至一象限內外。星在歲輪行至下半。爲遲留之界。再下而退行。衝日。則居歲輪之底。此合伏至衝日。在日西半周也。衝日以後。轉在日東。而夕見。又自輪底行而向上。過遲留之界而復與日合矣。此衝日至合伏在日東半周也。

故歲輪上星行高下。本是在歲輪上下。而自太陽之相距觀之。即成大圓。而爲圍日之形。以日爲心矣。其理與本輪行度成不同心天者同也。

但如此則上三星之圓周左旋。與金水異。

夫七政本輪皆行天一周。而高卑之數以畢。雖有最高之行。所差無幾。故可以本輪言者。亦可以不同心天言也。若歲輪則不然。如土星歲輪一周。其輪心行天不過十二度奇。木星則三十三度奇。上下旋轉。止在此經度內。不得另有天周之行。故知爲距日之虛跡也。

又如金星歲輪一周。其輪心平行五百七十餘度。則大于天周二百餘度。水星歲輪一周。輪心平行一百一十五度。奇則居天度三之一。皆不可以天周言。惟火星歲輪之周。其平行四百餘度。與天周差四十度。數畧相近。故歷指竟云以太陽爲心。而要之總是借虛率以求眞度。非實義也。

終

歷算叢書輯要卷四十九

歷學疑問補目録

歷學疑問補一　　卷之四十九

論西歷源流本出中土即周髀之學

論蓋天與渾天同異

論中土歷法得傳入西國之由

論周髀中即有地圓之理

論渾蓋通憲即古蓋天遺法一

論渾蓋通憲即古蓋天遺法二

論渾蓋之器與周髀同異

論簡平儀亦蓋天器而入線割圓亦古所有

論周髀所傳之說必在唐虞以前

論地實圓體而有背面

論蓋天之學流傳西土不止歐邏巴

論遠國所用正朔不同之故

曆學疑問補二　卷之五十

論太陽過宮

論周天十二宮並以星象得名不可移動

論西法恒星歲即西月日亦即其齋日並以太陽過宮爲用而不與中氣同日

論恒氣定氣一

論恒氣定氣二

論七政之行並有周有轉有交
論月建非耑言斗柄
再論斗建
論古頒朔
論歷中宜忌
論治歷當先正其大端

按此所補之篇徵君公原欲著論以續疑問三卷之後因事未果安溪李文貞公屢書催索久之未有以應遂將三卷付梓迨至暮年始克謄稿而文貞公已作古人竟未得見深可惜也又因前書已經

御定不敢復續故别爲卷次名爲疑問補云　孫瑴成謹記

歷算叢書輯要卷四十九

宣城梅文鼎定九甫著

孫　瑴成玉汝　　甫同較輯

玕成肩琳

曾孫　鈖用和

鈖二如同較字

鈁導和

歷學疑問補一

論西歷源流本出中土即周髀之學

問自漢太初以來曆法七十餘家屢改益精

本朝時憲歷集其大成兼采西術而斟酌盡善昭示來兹爲萬世不刊之典顧經生家或猶有中西同異之見何以徵信而使

之勿疑曰歷以稽天有晝夜永短表景中星可考有日月薄蝕五星留逆伏見淩犯可驗乃實測有憑之事既有合於天即當采用又何擇乎中西且吾嘗徵諸古籍矣周髀算經漢趙君卿所注也其時未有言西法者唐開元始有九執歷直至元明始有回回歷今攷西洋曆所言寒煖五帶之說與周髀七衡脗合豈非舊有其法歟且夫北極之下以半年爲晝半年爲夜赤道之下五穀一歲再熟必非憑臆鑿空而能爲此言夫有所受之矣然而習者既希所傳又畧讀周髀者亦祇與山海經穆天子傳十洲記諸書同類並觀聊備奇聞存而不論已耳今有歐邏巴實測之算與之相應然後知所述周公受學商高其說亦非無本而惜其殘缺不詳然猶幸存梗概足爲今日之徵信豈非古聖人制作之精神

有嘿爲呵護者哉。

論蓋天與渾天同異

問西術旣同周髀。是蓋天之學也。然古歷皆用渾天。渾天與蓋天原爲兩家。豈得同歟。曰蓋天卽渾天也。其云兩家者。傳聞誤耳。天體渾圓。故惟渾天儀爲能惟肖。然欲詳求其測算之事。必寫記於平面。是爲蓋天。故渾天如塑像。蓋天如繪像。總一天也。總一周天之度也。豈得有二法哉。然而渾天之器渾員。其度勻分。其理易見。而造之亦易。蓋天寫渾度於平面。則正視與斜望殊觀。仰測與旁闚異法。度有疏密。形有坙坳。非深思造微者。不能明其理。亦不能製其器。不能盡其用。是則蓋天之學。原卽渾天。而微有精觕難易。無二法也。夫蓋天理旣精深。傳者遂尠。而或者不察。但泥倚蓋覆槃之語。妄擬蓋天之形。竟非渾體。天有北極無南極。倚地斜轉。出沒水中。而其周不合。荒誕違理。宜乎揚雄、蔡邕輩之辭而闢之矣。蓋漢承秦後。書器散亡。惟洛下閎始爲渾天儀。而他無攷据。然世猶傳蓋天之名。說者承訛。遂區分之爲兩。而不知其非也。載攷容成作蓋天。隸首作算數。在黃帝時。顓頊作渾天在後。夫黃帝神靈首出。又得良相如容成、隸首。皆神聖之人。測天之法。宜莫不備極精微。顓頊蓋本其意。而製爲渾員之器以發明之。使天下共知。非謂黃帝、容成但知蓋天。不知渾天。而作此以釐正之也。知蓋天與渾天原非兩家。則知西歷與古歷同出一原矣。元史載仰儀銘。以蓋天與安訢、宣夜等並稱六天。而殊渾于蓋。猶沿舊說。續讀姚牧菴集。有所改定。則已知渾蓋之非二法。實爲先得我心。詳見鼎所著二儀銘註。

論中土歷法得傳入西國之由

問𩕳羅巴在數萬里外古歷法何以得流通至彼曰太史公言幽厲之時疇人子弟分散或在諸夏或在夷翟蓋避亂逃咎不憚遠涉殊方固有挾其書器而長征者矣如魯論載少師陽擊磬襄入於海鼓方叔入於河播鼗武入於漢故外域亦有律呂音樂之傳歷官遐遁而歷術遠傳亦如此爾又如傳言夏衰不窋失官而自竄于戎翟之間厥後公劉遷邠太王遷岐文王遷豐漸徙內地而孟子猶稱文王爲西夷之人夫不窋爲后稷乃農官也夏之衰而遂失官竄于戎翟然則羲和之苗裔屢經夏商之喪亂而流離播遷當亦有之太史公獨舉幽厲蓋言其甚者耳然遠國之能言歷術者多在西域則亦有故堯典言乃命羲和欽若昊天歷象日月星辰敬授人時此天子日官在都城者蓋其伯也又命其仲叔分宅四方以測二分二至之日景即測里差之法也羲仲宅嵎夷曰暘谷即今登萊海隅之地羲叔宅南交則交

趾國也此東南二處皆濱大海故以爲限又和叔宅朔方曰幽都今口外朔方地也地極冷冬至於此測日短之景不可更北故即以爲限獨和仲宅西曰昧谷但言西而不限以地者其地既無大海之阻又自東而西氣候畧同内地無極北嚴凝之畏當是時唐虞之聲教四訖和仲既奉帝命測驗可以西則更西遠人慕德景從或有得其一言之指授一事之留傳亦即有以開其知覺之路而彼中頴出之人從而擬議之以成其變化固宜有之考史志唐開元中有九執歷元世祖時有札馬魯丁測器有西域萬年歷明洪武初有馬沙亦黑馬哈麻譯回回歷皆西國人也而東南北諸國無聞焉可以想見其涯畧矣

論周髀中即有地圓之理

問西歷以地心地面爲測算根本則地形渾圓可信而周髀不言地圓恐古人猶未知也曰周髀算經雖未明言地圓而其理其算已具其中矣試畧舉之周髀言北極之下以春分至秋分爲晝秋分至春分爲夜葢惟地體渾圓故近赤道則晝夜之長短漸平近北極則晝夜長短之差漸大推而至北極之下遂能以半年爲晝半年爲夜矣若地爲平面則南北晝夜皆同安得有長短之差隨北極高下而異乎一也周髀又言日行極北北方日中南方夜半日行極東東方日中西方夜半日行極南南方日中北方夜半日行極西西方日中東方夜半葢惟地體渾圓與天體相似太陽隨天左旋繞地環行各以其所到之方正照而爲日中正午其對冲之方在地影最深之處而卽爲夜半

子時矣假令地爲平面東西一望皆平則日一出地而萬國皆曉日一入地而八表同昏安得有時刻先後之差而且有此方日中彼爲夜半者乎二也周髀又言北極之下不生萬物北極左右夏有不釋之冰物有朝耕暮穫中衡左右冬有不死之草五穀一歲再熟蓋惟地與天同爲渾圓故易地殊觀而寒暑迥別北極下地卽以北極爲天頂而太陽周轉近於地平陽光希微不能解凍萬物不生矣其左右猶能生物而以春分至秋分爲晝故朝耕而暮穫也若中衡左右在赤道下以赤道爲天頂春分時日在赤道其出正卯入正酉並同赤道正午時日在天頂其熱如火卽其方之夏春分以後日軌漸離赤道而北至夏至而極其出入並在正卯酉之北二十三度半有奇正午時亦

離天頂北二十三度半奇其熱稍減而凉氣以生爲此方之秋冬矣自此以後又漸向赤道行至秋分日復在赤道出入正卯酉而正過天頂一如春分熱之甚亦如之則又爲其方之夏矣秋分後漸離赤道而南直至冬至又離赤道南二十三度半奇而出入在正卯酉南正午亦離天頂南並二十三度半奇氣候復得稍凉又爲秋冬是故冬有不死之草而五穀一歲再熟也又其方日軌每日左旋之圈度並與赤道平行而終歲晝夜皆平上係言地近赤道而晝夜之差漸平以此故也赤道既在天頂則北極南極俱在地平可見然但言北極不言南極者中土九州在赤道北聖人治歷祇据所見之北極出地而精其測算即南極可以類推然又言北極下地高旁陀四隤而下即地圓

之大致可見，非不知地之圓也。即如日月交蝕常在朔望，則日食時日月同度，爲月所掩，亦易知之事，而春秋、小雅但云日有食之。古聖人祗舉其可見者爲言，皆如是也。

論渾蓋通憲即古蓋天遺法

問：蓋天必自有儀器，今西洋歷仍用渾儀、渾象，何以斷其爲蓋天？曰：蓋天以平寫渾，其器雖平，其度則渾，非不用渾天儀之測驗也。是故用渾儀以測天星，疇人子弟多能之，而用平儀以稽渾度，非精於其理者不能也。今爲西學者多能製小渾儀、小渾象，至所傳渾蓋通憲者，則能製者尠，以此故也。夫渾蓋平儀，置北極於中心，其度最密，次晝長規，又次赤道規，以漸而疎，此其事易知。又次爲晝短規，在赤道規外，其距赤道度與晝長規等，理宜收小而今爲平儀所限不得不反展而大其經緯視赤道更濶以疎然以稽天度則七政之躔離可知以攷時刻則方位之加臨不爽若是者何哉其立法之意置身南極以望北極故近人目者其度加寬遠人目者其度加窄視法之理宜然而分杪忽微一一與勾股割圜之切線相應非深思造微者必不能知也至於長規以外度必更寬更濶而平儀中不能容不得不割而棄之淺見者或遂疑蓋天之形其周不合矣是故渾蓋通憲即古蓋天之遺製無疑也

論渾蓋通憲即蓋天遺法二

問利氏始傳渾蓋儀而前此如回回歷並未言及何以明其爲古蓋天之器曰渾蓋雖利氏所傳然非利氏所創吾嘗徵之於

史矣元史載札馬魯丁西域儀象有所謂兀速都兒剌不定者其製以銅如圓鏡而可掛面刻十二辰位晝夜時刻此即渾葢之型模也又云上加銅條綴其中可以圓轉銅條兩端各屈其首爲二竅以對望晝則視日影夜則窺星辰以定時刻以占休咎此即渾葢上所用之闚筩指尺也又言背嵌鏡片二面刻其圖凡七以辨東西南北日影長短之不同星辰向背之有異故各異其圖以盡天地之變此即渾葢上所嵌圓片依北極出地之度而各一其圖準天頂地平以知各方辰刻之不同與夫日出入地晝夜之長短及七政躔離所到之方位及其高度也其圓片有七而兩面刻之則十四矣西洋雖不言占法然有其立象之學隨地隨時分十二宮與推命星家立命宮之法畧同故

又曰以占休咎也雖作史者未能深悉厥故而語焉不詳今以渾蓋徵之而一一脗合故曰渾蓋雖利氏所傳而非其所創也且利氏傳此器初不別立佳稱而名之曰渾蓋通憲固已明示其指矣然則何以不直言蓋天曰蓋天之學人屏絕之久矣驟舉之必駭而不信且夫殊蓋於渾乃治渾天者之沿謬而精於蓋天者原視爲一事未嘗區而別之也夫渾天儀必設於觀臺必如法安置而始可用渾蓋則懸而可掛輕便利於行遠爲行測之所需所以遠國得存其製而流傳至今也

論渾蓋之器與周髀同異

問渾蓋通憲豈即周髀所用歟曰周髀書殘缺不完不可得攷據所言天象蓋笠地法覆槃又云笠以寫天而其製弗詳今以

理揆之。既地如覆槃卽有圓突隆起之形。則天如蓋笠必爲圓坳曲抱之象。其製或當爲半渾圓而空其中。畧如仰儀之製。則於高明下覆之形體相似矣。乃於其中。按經緯度數以寫周天星宿皆宛轉而曲肖矣。是則必以北極爲中心。赤道爲邊際。其赤道以外。漸歛漸窄。必別有法以相佐。或亦是半渾圓內空之形。而仍以赤道爲邊。其赤道以南星宿。並取其距赤道遠近。求其經緯度數而圖之。至於南距赤道甚遠不可見星之處。亦遂可空之不用。於是兩器相合。卽周天可見之。星象俱全備而無遺矣。以故不知者因其極南無星。遂妄謂其周不合而無南極也。

又或寫天之笠竟展而平。而以北極爲心。赤道爲邊。用割圓切線之法以攷其經緯度數則周天之星象可一一寫其形容其赤道南之星亦展而平而以赤道爲邊查星距赤道起數亦用切線度定其經緯則近赤道者距疏離赤道向南者漸密而一一惟肖其不見之星亦遂可空之是雖不言南極而南極已在其中今西洋所作星圖自赤道中分爲兩即此製也所異者西洋人浮海來賓行赤道以南之海道得見南極左右之星而補成南極星圖與古人但圖可見之星者不同然其理則一是故西洋分畫星圖亦即古蓋天之遺法也

周髀云笠以寫天當不出坳平二製至若渾蓋之器乃能於赤道外展濶平邊以得其經緯遂能依各方之北極出地度而求其天頂所在及地平邊際即晝夜長短之極差可見於是地平

之經緯與天度之經緯相與錯綜參伍而如指諸掌非容成隸首諸聖人不能作也而於周髀之所言一一相應然則即斷其爲周髀蓋天之器亦無不可矣夫法傳而久豈無微有損益要皆踵事而增其根本固不殊也利氏名之曰渾蓋通憲蓋其人强記博聞故有以得其源流而不敢没其實亦足以徵其人之賢矣

論簡平儀亦蓋天法而八線割圓亦古所有

問西法有簡平儀亦以平測渾之器豈亦與周髀相應歟曰凡測天之器圓者必爲渾平者即爲蓋（唐一行以平圖寫星象亦謂之蓋天所異者只用平度不曾以切線分渾球上之經緯疎密耳）簡平儀以平圓測渾圓是亦蓋天中之一器也今攷其法可以知一歲中日道發南斂北之行可以知寒

暑進退之節。可以知晝夜永短之故。可以用太陽高度測各地北極之出地。即可用北極出地求各地逐日太陽之高度。推極其變。而置赤道爲天頂。即知其地方之一年兩度寒暑而三百六旬中晝夜皆平。若北極爲天頂。即知其地之能以半年爲晝半年爲夜。而物有朝生暮穫。凡周髀中所言皆可知之。故曰亦葢天中一器也。但周髀云笠以寫天。似與渾葢較爲親切耳。夫葢天以平寫渾。必將以渾圓之度。挼而平之。渾葢之器。如剖渾球而空其中。乃仰置几案以通明如玻瓈之片。平掩其口。則圓球內面之經緯度分。映浮平面。一一可數。而變坳爲平矣。然其度必中密而外疎。故用切線。此如人在天中。測渾天之內面。簡乃正視也。故𡨚北極于中心。平之器。則如渾球嵌於立屏之內。僅可見其半球。而以玻瓈片懸於屏風前正切其球四面距屏風皆如球半徑而無欹側則球面之經緯度分皆可寫記而抑突爲平矣然其度必中濶而旁促故用正弦此如置身天外以測渾天之外面故以極至交圈爲邊兩極皆安于外周以攷其出入地之度乃旁視也由是言之渾蓋與簡平異製而並得爲蓋天遺製審矣而一則用切線一則用正弦非是則不能成器矣因是而知三角八線之法並皆古人所有而西人能用之非其所創也伏讀

御製三角形論謂衆角輳心以算弧度必古算所有而流傳西土此反失傳彼則能守之不失且踵事加詳至哉

聖人之言可以爲治歷之金科玉律矣

論周髀所傳之說必在唐虞以前

問周髀言周公受學於商高商高之學何所受之曰必在唐虞

以前何以知之蓋周髀所言東方日中西方夜半云云者皆相距六時其相去之地皆一百八十度地與天應其周度皆三百六十則其相對必一百八十此東西差之極大者也細攷之則日在極東而東方爲日中午時則其地在極南者必見日初出地而爲卯時在極北者必見日初入地而爲酉時故又云此四方者晝夜易處加四時相及自南方卯至東方午爲四時自東方日中午至北方酉亦又四時故每加四時則相及矣若以度計之實相距九十細分之則東西相距三十度必早晚差一時如日在極南爲午時其西距三十度之地必見其爲巳時而其東距三十度之地必見爲未時其餘地準此推之並同相距十五度必相差四刻堯分命羲仲寅賓出日和仲寅餞內日者測此東西里差也寅賓寅餞互文見意非羲仲但朝測和仲但暮測也又周髀所言北極下半年爲晝中衡下五穀一歲再熟云云者其距緯皆相去九十度乃南北差

之極大者也。細考之北極高一度則地面差數百十里。歷代所測微有不同。今定為二百里。而寒暑密移晝夜之長短各異。和叔羲叔分處南北以測此南北里差也。故曰此法之傳必在唐虞以前也。夫東西差測之稍難。若南北之永短因太陽之高下而變。日軌高下又依北極之高下而殊。經商遠遊之輩稍知歷象即能覺之。羲和二叔奉帝堯之命考測日景。一往極北。一往極南。相距七八千里之遠。其逐地之極星高下。晝夜永短。身所經歷。乃瞢然不知。何以為羲和也哉。是知地面之非平。而永短以南北而差。早晚以東西而異。必皆羲和所悉知而敬授人時。祇据內地幅員立為常法。其推測步算必有專書。而亡於秦焰。周髀其千百中之十一耳。又何疑焉。

論地實圓體而有背面

問地體渾圓旣無可疑然豈無背面曰中土聖人所產卽其面也何以言之五倫之敎天所敘也自黃帝堯舜以來世有升降而司徒之五敎人人與知若西方之佛敎及天敎雖其所言心性之理極其精微救度之願極其廣大而於君臣父子之大倫反輕此一徵也語言惟中土爲順若佛經語皆倒如云到彼岸則必云彼岸到之類歐邏巴雖與五印度等國不同語言而其字之倒用亦同日本國賣酒招牌必云酒賣彼人亦讀中土書則皆於句中用筆挑剔作記而倒讀之北邊塞外及南徼諸國大畧皆倒用其字此又一徵也往聞西士之言謂行數萬里來賓所歷之國多矣其土地幅員亦有大於中土者若其衣冠文

物則未有過焉。此又一徵也。是知地體渾圓，而中土爲其面。故篤生神聖帝王，以繼天建極，垂世立教，亦如人身之有面。爲一身之精神所聚，五藏之精並開竅於五官。此亦自然之理也。

論葢天之學流傳西土不止歐邏巴

問：佛經亦有四大州之說，與周髀同乎？曰：佛書言須彌山爲天地之中，日月星辰繞之環轉。西牛賀州、南贍部州、東勝神州、北具盧州居其四面。此則亦以日所到之方爲正中，而日環行不入地下，與周髀所言畧同。然佛經所言，則其下爲華藏海，而世界生其中。須彌之頂爲諸天，而通明，故夜能見星。此則不知有南北二極，而謂地起海中，上連天頂，殆如圓塔圓柱之形。其說難通，而彼且謂天外有天，令人莫可窮詰。故婆羅門等婆羅門即回回。

皆爲所籠絡事之唯謹唐書載回紇諸國事佛回紇即回回也多然回回國人能從事歷法漸以知其說之不足憑故遂自立門庭別立清眞之教西洋人初亦同回回事佛唐有波斯國人在此立大秦寺今回回所傳景教碑者其人皆自署曰僧回回既與佛教分而西洋人精於算復從回曆加精故又別立耶穌之教以別於回回觀今天教中七日一齋等事並畧同回教其曆法中小輪心等算法亦出于回歷要皆蓋天周髀之學流傳西土而得之有全有缺治之者有精有粗然其根則一也

論遠國所用正朔不同之故

問回歷及西洋歷既皆本於蓋天何以二教所須齋日其每年正朔如是不同曰天方國以十二个月爲年即回回國歐邏巴以太陽過宮爲年月依歲差而變此皆自信其歷法之善有以接古

蓋天之道。又見泰人茂棄古三正。而以已意立十月爲歲首。今西南諸國。猶有用泰朔者。故遂亦別立法程。以新人耳目。誇示四隣。今海外諸國多有以十二个月爲年。遵回歷也。蓋回國以歷法測驗。疑佛說之非。故謂天有主宰。無影無形。不宜以降生之人爲主。其說近正。所異於古聖人者。其所立拜念之規耳。厥後歐邏巴又於回歷研精。故又自立教典。奉耶穌爲天主。以別於回回。然所稱一體三身降生諸靈怪。反又近於佛教。而大聲闢佛。動則云中國人錯了。夫中土人倫之教。本於帝王。雖間有事佛者。不過千百中之一二。又何錯之云。

今但攷其歷法。則回回泰西大同小異。而皆本於蓋天。然惟利氏初入。欲人之從其說。故多方闡明其立法之意。而於渾蓋通憲直露渾蓋之名。爲今日所徵信。蓋彼中之英賢也。厥後歷書全部。又得徐文定及此地諸文人爲之廣其番譯。爲歷家所取資。實有功於歷學。其他可以勿論。若回回歷雖亦有所持之圓地球及平面似渾蓋之器。而若露若藏。不宣其義。洪武時吳伯宗李翀奉詔翻譯。亦但紀其數。不詳厥旨。至數傳之後。雖其本科亦莫稽測算之根。所云兀速都兒剌不定之器。竟無言及之者。蓋失傳已久。殊可惜耳。

尤可深惜者。回回泰西之歷。既皆本於蓋天。而其所用正朔。乃各自翻新出奇。欲以自異。其實皆非。夫古者帝王欽若昊天。順春夏秋冬之序。以敬授人時。出於自然。何其正大。何其易簡。萬世所不能易也。顧乃持其巧算。私立正朔。以變亂之。亦見其惑矣。徐文定公之譯曆書也。云鎔西洋之巧算。入大統之型模。非獨以尊大統也。揆之事理。固有不得不然者爾。測算以求天驗。不難兼函術之長。以資推步。頒朔以授人時。自當遵古聖之規。以經久遠。虛心以折其衷。博考以求其當。有志歷學者。尚其念諸。餘詳後論。

終

歷算叢書輯要卷五十

歷學疑問補二

論太陽過宮

問舊歷太陽過宮與中氣不同今何以復合爲一曰新歷之測算精矣然其中不無可商當俟後來詳定者則此其一端也何則天上有十二宮宮各三十度每歲太陽以一中氣一節氣共行三十度如冬至小寒共行三十度大寒立春又共行三十度其餘並同滿二十四氣則十二宮行一週故歷家恒言太陽一歲周天也然而實考其度則一歲日躔所行必稍有不足雖其所欠甚微約其差不過百分度之一有半積至年深遂差多度六七十年差一度六七百年即差十度是爲歲差歷家所以有天周歲周之名天上星辰勻分十二宮共三百六十度是爲天周每歲太陽十二中氣共行三百六十度微弱是爲

歲周。漢人未知歲差。誤合爲一。故即以冬至日交星紀。而名之于牽牛。逮晉虞喜等始覺之。五代宋何承天。祖冲之。隋劉焯等言之益詳。顧治歷者株守成說。不敢輒用歲差也。至唐初傅仁均造戊寅元歷。始用歲差。而朝論多不以爲然。亦如今人之不信西法。人情狃于習見。大抵皆然。故李淳風麟德歷復去歲差不用。直至元宗開元某年。僧一行作大衍歷。乃始博徵廣証。以大暢厥旨。于是分天自爲天。即周天十二次宮度。其度終古不變。歲自爲歲。即周歲十二中氣日躔所行天度。其度歲歲微移。歷代遵用。所定歲差年數微有不同。而大致無異。元世祖時用授時歷。郭守敬測定六十六年有八月而差一度。回回泰西差法畧同。今定爲七十年差一度。數亦非遠。故冬至日一歲日躔之度已過。尙不能復於星紀之元度。必再行若干日時而至星紀。十二中氣皆同一理。所以太陽過宮與中氣必不同日其法原無錯誤其理亦甚易知徐李諸公深於歷術豈反不明斯事乃復合爲一眞不可解推原厥故蓋譯歷書時誤仍回回歷太陽年之十二月名耳

問回回歷亦知歲差何以誤用宮名爲月名曰回回歷既以十二个月爲太陰年而用之紀歲不用閏月然如是則四時之寒燠溫涼錯亂無紀因別立太陽年以周歲日躔勻分三百六十度又勻分爲十二月以爲耕斂之節而起算春分是亦事勢之不得不然堯典寅賓出日始于仲春即此一事亦足徵西歷之本于羲和但彼以春分爲太陽年之第一月第一日遂不得復用古人分至啓閉之法及春夏秋冬之名古者以立春立夏立秋立冬春分秋分冬至夏至爲八節其四立並在四孟月之首以爲四時之節謂之啓閉二分二至並在四仲月之中居春夏秋冬各九十一日之半皆自然之序不可移易今回回歷之太陽年既以春分爲歲首

則是以仲春之後半月爲正旦。而割其前半个月。以益孟春。共四十五日奇。遂一併移之于歲終。而孟春之前半。改爲十一月。之後半。孟春之後半。合仲春之前半。共三十日。改爲十二月。卽春夏秋冬之四時。及分至啟閉之八節。孟仲季之月名。無一與之相應。名不正。則言不順。遂不復可得而用矣。故遂借白羊等十二宮以名其太陽年之月。彼非不知天度有歲差。白羊不能板定於春分。然以其時春分正在白羊。姑借此名之。以紀月數。卽此而知回歷初起時。其年代去今非遠歟。暹巴歷法。因回歷而加精。大致並同回歷。故遂亦因之耳。徐文定公譯歷書。謂鎔西洋之精算。入大統之型模。則此處宜爲改定。使天自爲天。歲自爲歲。則歲差之理明。而天上星辰宮度。各正其位矣。如晝夜平。卽爲春分。晝極長。卽爲夏至。不必問其日躔是何宮度。是之謂歲自爲歲也。必太陽行至降婁之次。始命爲日躔降婁之次。太陽行至鶉首。始命爲日躔鶉首之次。不必問其爲春分後幾日。夏至後幾日。是之謂天自爲天也。顧乃因仍回曆之宮名。而以中氣日卽爲交宮之日。則歲周與天周復混而爲一於是歲差之理不明如星紀之次常有定度而冬至之日度漸移是生歲差若冬至日即躔星紀歲歲相同安得復有歲差而天上十二次宮度名實俱亂天上十二宮各有定星定度若隨節氣移動則名實俱左後篇詳之是故歷法至今日推步之法已極詳明而不無有待商酌以求盡善者此其一端也問者曰歷所難者推步耳若此等處改之易易但于各中氣後查太陽實躔某宮之度即過宮眞日但歷書中所作諸表多用白羊金牛等宮名以爲別識今欲通身改換豈不甚難曰否否歷書諸表雖以白羊金牛等爲題而其中之進退消長並從節氣起算今但將宮名改爲節氣即諸表可用不必改造有何難哉如表從白羊起者即改白羊初度爲春分初度表從磨羯起者即改磨羯初度爲冬至初度歷書諸表依舊可用但正其名不改其數更無煩于推算

論周天十二宮並以星象得名不可移動

問天上十二宮亦人所名今隨中氣而移亦何不可之有曰十二宮名雖人所爲然其來久矣今考宮名皆依天上星宿而定非漫設者如南方七宿爲朱鳥之象史記天官書柳爲鳥注即咮咮者朱鳥之喙也七星頸爲員官頸朱鳥頸也員官嚨喉也張爲素素即嗉鳥受食之處也翼爲羽翮朱鳥之翼故名其宮曰鶉首鶉火鶉尾鶉即朱鳥乃鳳也東方七宿爲蒼龍天官書東宮蒼龍房心心爲明堂今按角二星象角故一名龍角氐房心象龍身心即其當心之處故心爲明堂尾宿即龍之尾故其宮曰壽星封禪書武帝詔天下尊祀靈星正義靈星即龍星也張晏曰龍星左角曰天田則農祥也見而祀之曰大火心爲大火曰析木一名析木之津以尾箕近天河也北方七宿爲玄武天官書北宮元武其宮曰星紀古以斗牛爲列宿之首故星自此紀也曰元枵枵者虛也即虛危也又象龜蛇爲元武也曰娵訾一名娵訾之口以室壁二宿各二星兩兩相對而形正方故象口也西方七宿爲白虎天官書奎曰封豕參爲白虎三星直者是爲衡其外四星左右肩股也小三星隅置曰觜觿爲虎首其宮曰降婁以婁宿得名也曰大

梁曰實沈由是以觀十二宮名皆依星象而取非漫設也堯典日中星鳥以其時春分昏刻朱鳥七宿正在南方午地也日永星火以其時夏至初昏大火宮在正午也（火即心宿）宵中星虛以其時秋分昏中者元枵宮也即虛危也日短星昴以其時冬至昏中者昴宿也即大梁宮也曆家以歲差考之堯甲辰至今已四千餘歲歲差之度已及二宮（以西率七十年差一度約之凡差六十餘度）然而天上二十八舍之星宿未嘗變動故其十二宮亦終古不變也若夫二十四節氣太陽躔度盡依歲差之度而移則歲歲不同七十年即差一度（亦據今西術推之）安得以十二中氣即過宮乎試以近事徵之元世祖至元十七年辛巳冬至度在箕十度至今康熙五十八年己亥冬至在箕三度其差蓋已將七度而即以箕三度

交星紀宮則是至元辛巳之冬至宿箕十度已改爲星紀宮之七度再一二百年則今己亥之冬至宿箕三度爲星紀宮之初度者又卽爲星紀宮之第三度而尾宿且浸入星紀矣積而久之必將析木之宮尾箕盡變爲星紀大火之宮氐房心盡變爲析木而十二宮之星宿皆差一宮準上論之角亢必爲大火翼軫必爲壽星柳星張必爲鶉尾井鬼必爲鶉火而觜參爲鶉首胃昴畢爲實沈奎婁爲大梁而娵訾爲降婁虛危爲娵訾斗牛爲元枵二十八宿皆差一宮卽十二宮之名與其宿一一相左又安用此名乎再積而久之至數千年後東宮蒼龍七宿悉變元武歲差至九十度時角亢氐房心尾箕必盡變爲星紀元枵娵訾並倣此南宮朱鳥七宿反爲蒼龍西宮白虎七宿反爲朱鳥北宮元武七宿反爲白虎國家頒歷授時以欽若昊天而使天上宿度宮名顛倒錯亂如此其可以不亟爲釐定乎

又試以西術之十二宮言之。夫西洋分黄道上星爲十二象，雖與羲和之舊不同，然亦皆依星象而名，非漫設者。如彼以積尸氣爲巨蠏第一星，蓋因鬼宿四星而中央白氣有似蠏筐也。所云天蝎者，則以尾宿九星卷而曲，其末二星相並，如蠍尾之有岐也。所云人馬者，謂其所圖星象類人騎馬上之形也。其餘如寶瓶、如雙魚、如白羊、如金牛、如陰陽、如師子、如雙女、如天秤，以彼之星圖觀之，皆依稀彷彿有相似之象，故因象立名。今若因節氣而每歲移其宫度，積而久之，宫名與星象相離，俱非其舊，而名實盡淆矣。

又按西法言歲差，謂是黄道東行，未嘗不是。如今日鬼宿已全入大暑日躔之東，在中法歲差，則是大暑日躔退回鬼宿之西也。在西法則是鬼宿隨黄道東行，而行過大暑日躔之東，其理原非有二。尾宿之行入小雪日躔東亦然。夫既鬼宿已行過大暑東，而猶以大暑日交鶉火之次，則不得復爲巨蠏之星，而變爲師子矣。尾宿已行過小雪後，而猶以小雪日交析木之次，則尾宿不得爲天蝎，而變爲人馬宫星矣。即詢之西來知曆之人，有不啞然失笑者乎。

論西法恒星歲即西月日，亦即其齋日，並以太陽過宫爲用，而不與中氣同日

問：西法以太陽會恒星爲歲，謂之恒星年。恒星既隨黄道東行，則其恒星年所分宫度，亦必不能常與中氣同日。曆書何以不用。曰：恒星年即其所頒齋日也。其法以日躔斗四度爲正月朔，

故日以太陽會恒星爲歲也其斗四度蓋即其所定磨羯宫之初度也在今時冬至後十二日自此日躔行滿三十度即爲第二月交寶瓶宫餘月並同皆以日躔行滿三十度交一宫即又爲一月而不論節氣然其十二月之日數各各不同者以黄道上有最高卑差而日躔之行度有加減也如磨羯宫日躔最卑行速故二十八日而行一宫即成一月若巨蟹宫日躔最高行遲故三十一日而行一宫始成一月其餘宫度各以其或近最卑或近最高遲速之行不同故日數皆不拘三十日並以日躔交宫爲月不論節氣是則其所用各月之第一日即太陽交宫之日原不與中氣同日而且歲歲微差至六七十年恒星東行一度即其各宫並東行一度而各月之初日在各中氣後若干日者又增一日矣如今以冬至後十二日爲歲首至歲差一度時必在冬至後十三日餘盡然此即授時歷中氣後幾日交宫之法乃歲差之理本自分曉而歷書中不甚發揮斯事者亦有故焉一

則以月之爲言本從太陰得名故必晦朔弦望周而後謂之月今反以太陽所躔之宮度爲月而置朔望不用是名爲月而實非月大駭聽聞一也又其第一月既非夏正孟春亦非周正仲冬又不用冬至日起算非歴學履端於始之義事體難行二也又其所用齋日即彼國所頒行之正朔歐邏巴人私奉本國之正朔宜也中土之從其教者亦皆私奉歐邏之正朔謂國典何故遂隱而不宜三也初造歴書事事闡發以冀人之信從惟此齋日但每歲傳單伊教不筆于書然

歴書所引彼中之舊測每稱西月日者皆恒星年也其法並同齋日皆依恒星東行以日躔交磨羯宮爲歲旦而非與冬至中氣同日也此尤爲太陽過宮非中氣之一大證據矣

或曰歴書所引舊測多在千餘年以前然則西月日之與所從

來久矣曰殆非也唐始有九執歷元始有回回歷歐邏巴又從回歷加精必在回歷之後彼見回回歷之太陰年太陽年能變古法以矜奇創故復變此西月日立恒星年以勝之若其所引舊測蓋皆以新法追改其月日耳

論恒氣定氣

問舊法節氣之日數皆平分今則有長短何也曰節氣曰數平分者古法謂之恒氣以歲周三百六十五日二十四刻奇平分爲二十四氣各得一十五日二十一刻八十四分奇其日數有多寡者謂之定氣冬至前後有十四日奇爲一氣夏至前後有十六日爲一氣其餘節氣各各不同並以日行盈歷而其日數減行縮歷而其數增二者之算古歷皆有之然各有所用唐一行大衍歷議曰以恒氣注歷以定氣算日月交食是則舊法原知有定氣但不以之註歷耳譯西法者未加詳

考輒謂舊法春秋二分並差兩日則厚誣古人矣夫授時歷所註二分日各距二至九十一日奇乃恒氣也歷經歷草皆明言恒氣其所註晝夜各五十刻者必在春分前兩日奇及秋分後兩日奇則定氣也定氣二分與恒氣二分原相差兩日授時既遵大衍歷議以恒氣二分註歷不得復用定氣故但于晝夜平分之日紀其刻數則定氣可以互見非不知也且授時果不知有定氣平分之日又何以能知其日之爲晝夜平分乎夫不知定氣是不知太陽之有盈縮也又何以能算交食何以能算定朔乎經朔猶恒氣定朔猶定氣望與上下弦亦然夫西法以最高卑疏盈縮其理原精初不必爲此過當之言良由譯書者並從西法入手遂無暇參稽古歷之源流而其時亦未有能真知授時立法之意者爲之援据古

義以相與虛公論定故遂有此等偏說以來後人之疑議不可不知也

其所以爲此說者無非欲以定氣注歴使春秋二分各居晝夜平分之日以見授時古法之差兩日以自顯其長殊不知授時是用恒氣原未嘗不知定氣不得爲差而西法之長於授時者亦不在此以定氣注歴不足爲奇而徒失古人置閏之法欲以自暴其長反見短矣故此處宜酌改也後條詳之

再論恒氣定氣

問授時既知有定氣何爲不以註歴曰古者註歴只用恒氣爲置閏地也春秋傳曰先王之正時也履端於始舉正於中歸邪於終邪與餘同謂餘分也履端於始序則不愆舉正於中民則不惑歸邪

於終事則不悖蓋謂推步者必以十一月朔日冬至爲起算之端故曰履端於始而序不愆也又十二月之中氣必在其月如月內有冬至斯爲仲冬十一月月內有雨水斯爲孟春正月月內有春分斯爲仲春二月餘月並同皆以本月之中氣正在本月三十日之中而後可名之爲此月故曰舉正於中民則不惑也若一月之內只有一節氣而無中氣則不能名之爲何月斯則餘分之所積而爲閏月矣閏即餘也前此餘分累積歸於此月而成閏月有此閏月以爲餘分之所歸則不致春之月入於夏且不致今冬之月入於明春故曰歸邪於終事則不悖也然惟以恒氣註歷則置閏之理易明何則恒氣之日數皆平分故其每月之內各有一節氣一中氣假如冬至在十一月朔則必有小寒在其月望後若冬至

在十一月晦，則必有大雪節氣在其月望前，餘月並然。此兩氣策之日合之，共三十日四十三刻奇，以較每月常數三十日多四十三刻奇，謂之氣盈。又太陰自合朔至第二合朔實止二十九日五十三刻奇，以較每月三十日又少四十六刻奇，謂之朔虛。合氣盈朔虛計之，共餘九十刻奇，謂之月閏，乃每月朔策與兩氣策相較之差也。假如十一月經朔與冬至同時刻，則大寒中氣必在十二月經朔後九十刻，而雨水中氣必在次年正月經朔後一日又八十刻奇，其餘月並準此求之。積此月閏至三十三个月間，即二年零九个月。其餘分必滿月策，而生閏月矣。閏月之法，其前月中氣必在其晦，後月中氣必在其朔，則閏月只有一節氣而無中氣，然後名之爲閏月。假如閏十一月，則冬至必在十一月之晦，大寒必在十二月之朔，而閏月只有小寒節氣，更無中氣，則不可謂之爲十一月，亦不可謂之爲十二月，即不得不名之爲閏月矣。斯乃自然而然，天造地設，無可疑惑者也。一年十二个月俱有兩節氣惟此一个月只一節氣望而知其爲閏月今以定氣註歷則節氣之日數多寡不齊故遂有一月内三節氣之時又或有原非閏月而一月内反只有一中氣之時其所置閏月雖亦以餘分所積而置閏之理不明民乃惑矣然非西法之咎乃譯書者之疎畧耳何則西法原只有閏日而無閏月其仍用閏月者遵舊法也亦徐文定公所謂鎔西洋之巧算入大統之型模也按堯典云以閏月定四時成歲乃帝堯所以命羲和萬世不刊之典也今旣遵堯典而用閏月卽當遵用其置閏之法而乃不用恒氣用定氣以滋人惑亦昧於先王正時之理矣是故測算雖精而有當酌改者此亦一端也

今但依古法以恒氣註曆亦仍用西法最高卑之差以分晝夜

長短進退之序。而分註於定氣日之下。卽置閏之理。昭然衆著而定氣之用。亦並存而不廢矣。

又按恒氣在西法爲太陽本天之平行。定氣在西法爲黃道上視行。平行度與視行度之積差有二度半弱。西法與古法畧同。所異者最高衝有行分耳。古法恒氣注曆卽是用太陽本天平行度數分節氣。

論七政之行並有周有轉有交

問月五星之行。並有周天。有盈縮遲疾。有出入黃道之交點。共三事也。太陽亦然乎。曰並同也。太陽終古行黃道。則無出入黃道之交點。然而黃道出入於赤道。亦可名交。是故春秋二分卽其交點。亦如月離之有正交中交也。因此而日躔有南陸北陸之行。古者謂之發斂。行南陸爲發，行北陸爲斂。蓋以其離北極之遠近言之。於是而四時之寒燠以分，晝夜刻之永短有序，皆交道之所生，以成歲周。是故歲周者，即太陽之交道也，與月離之交終同也。然以歲差之故，西法謂之黃道東行。故每歲三百六十五日二十四刻奇，此以授時古率言之。已滿歲周矣，又必加一刻有半，亦依古率約之。始能復躔冬至元度。假如本年冬至日躔箕宿三度八十分，次年冬至必在箕宿三度七十分奇，是歲序已周，而元度未復，故必于三百六十五日二十四刻奇之外，復加一刻有半，始能復躔于箕三度八十分。是爲太陽之周天，與月行之周天同也。月行周天與交終原非一事，是故太陽之周天與歲周原爲兩事也。然太陽之行有半年盈曆半年縮歷，即恒氣定氣之所由分，古法起二至，西法起最高冲，尤爲親切。亦如月離之轉終，是又爲一事。合之前兩者，歲周與周天。共爲三事，乃七政之所同也。

按月離交終以二十七日二十一刻奇而陽曆陰曆之度一週在月周天前以較周天度爲有欠度也轉終以二十七日五十五刻奇而遲曆疾曆之度一週在月周天後以較周天度爲有餘度也月周天之日數在二者之間亦二十七日又若干刻而周雖同大餘不同小餘當其起算之初所差不過數度如交終與轉終相差三十四刻奇即其差度爲四五度積至一年即差多度太陰每年行天十三周半即相差六十餘度故其差易見曰躔歲周以二十四節氣一週爲限因有恒星東行之歲差故其度在周天前以較周天度爲有欠分也約爲七十分度之一日躔盈縮以盈初縮末縮初盈末一週爲限因最高有行分故其度在周天後以較周天度爲有餘分也亦約爲七十分度之一以一歲言之三者並同大餘即小餘亦不甚遠歲周三百六十五日二十四刻奇增

一刻半卽周天。又增一刻半卽盈縮歷周。但差刻不差時。積其差至七十年。卽各差一度。歲周不及周天七十年差一度。卽恒星東行之歲差。而盈縮歷至七十年。又過于周天一度。卽最高之行。于是歲周與盈縮歷周共相差二度。並至七十年而後知之也。故其差難見。七十年只差一度。故難見也。然雖難見其理則同。以周天之度爲主。則歲周之差度退行。亦如太陰交終差度之每交逆退也。而盈縮入歷之差度。于周天爲順行。亦如太陰之轉終差度每轉順行也。而周天度則常不動。但以太陰之交轉周比例之。則判然三事。不相淩雜矣。

問歷法中所設交差轉差。卽此事乎。曰亦微有不同。蓋交差轉差。是以交終轉終與朔策相較。或言其日。或言其度。並同。玆所論者。是以交終轉終與周天相較。故其數不同也。其數不同。而歷法中未言者何也。緣歷家所驗在交食。故于定朔言之綦詳。而月之周天反畧。惟陳星川壤袁了凡黄所撰歷法新書。明立太陰周天日

數謂之月周與交終轉終並列爲三實有裨于歷學而人或未知故特著之

又徵之五星亦皆有周天有歷周（即盈縮如月之入轉）有正交中交是故此三事者日月五星之所同也知斯三者於歷學思過半矣（此外則月有朔望五星有段目並以距日之遠近而生故太陽所與月五星同者惟此三事）

論月建非常言斗柄

問行夏之時謂以斗柄初昏建寅之月爲歲首議者以冬至既有歲差則斗柄亦從之改度今時正月不當仍爲建寅其說然乎曰不然也孟春正月自是建寅非關斗柄其以初昏斗柄建寅者注釋家未深考也何則自大撓作甲子以十日爲天干（自甲至癸）十二子爲地支（自子至亥）天道圜故以甲乙居東丙丁居南庚辛

居西壬癸居北戊已居中參同契所謂青赤白黑各居一方皆禀中央戊巳之功也十干以配五行圓轉周流故曰天干地道方故以寅卯辰列東巳午未列南申酉戌列西亥子丑列北易大傳所謂帝出乎震齊乎巽相見乎離致役乎坤說言乎兑戰乎乾勞乎坎成言乎艮自東而南而西而北其道左旋周而復始也是十二支以配四時十二月靜而有常故曰地支也天干與地支相加成六十甲子以紀歲紀日紀時而皆準于月以歲有十二月也此乃自然而然之序不可增減不可動移是故孟春自是寅月何嘗以斗柄指寅而後謂之寅月哉如必以斗柄指寅而謂之寅月則亦有寅年寅月寅時豈亦以斗柄指寅而後得以謂之寅乎是故堯典命羲仲宅嵎夷平秩東作以殷

仲春。次命義叔宅南交。平秩南訛。以正仲夏。次命和仲宅西。平秩西成。以殷仲秋。次命和叔宅朔方。平在朔易。以正仲冬。此四時分配四方。而以春爲歲首之証也。夫既有四仲月以居卯午酉子之四正。則自各有孟月季月以居四隅。仲春既正東爲卯月。其孟春必在東之北而爲寅月。何必待斗柄指寅乎。故日中星鳥。日永星火。宵中星虛。日短星昴。並祗以晝夜刻之永短爲憑。以昏中之星爲斷。未嘗一言及於斗柄也。

又考孔子去堯時已及千五百歲。歲差之度已二十餘度。若堯時斗柄指寅。孔子時必在寅前二十度而指丑矣。豈待今日而後知乎。然孔子但言行夏之時。蓋以孟春爲歲首。于時爲正。非以斗柄指寅而謂之寅月也。

又考歲差之法，古雖未言，然而月令昏中之星已不同於堯典，則實測當時之星度也。然堯典祇舉昏中星，而月令兼言旦中，又舉其日躔所在，又于堯典四仲月之外兼舉十二月而備言之，可謂詳矣，然未嘗一語言斗杓指寅爲孟春。

又考史記律書以十律配十二月之所建地支，而疏其義兼八風二十八舍以爲之說，而並不言斗建，惟天官書畧言之，其言曰杓攜龍角，衡殷南斗，魁枕參首，用昏建者杓，夜半建者衡，平旦建者魁。是則衡亦可言建，魁亦可言建，而非僅斗杓，夜半亦有建，平旦亦有建，而非止初昏。其言甚圓，以是而知正月之爲寅，二月之爲卯，皆一定不可移，而斗之星直之，即謂建，固非以初昏斗柄所指而命之爲何月也。然則謂行夏之時是以斗柄建寅之月爲歲首者。蓋注釋家所據一家之說。而未詳厥故也。今乃遂據其說。而欲改正月之建寅可乎不可乎。

再論斗建

問說者又以各月斗柄皆指其辰。惟閏月則斗柄指兩辰之間。由今以觀。其說亦非歟。曰非也。周天之度。以十二分之。各得三十度奇。在西法爲三十度。凡各月中氣皆在其三十度之中。半各月節氣皆居其三十度之首尾。今依其說。斗柄所指。各在其月之辰。則交節氣日。斗柄所指。必在兩辰之間矣。假如立春爲正月節。則立春前一日斗柄所指在丑。立春後一日。斗柄指寅。而立春本日斗柄所指。必在丑與寅之間。餘月皆然。十二節氣日。皆指兩辰之間。又何以別其爲閏月乎。若夫閏月則只有節氣無中氣。其節氣之日。固指兩辰之間矣。然惟此一日而已。其前半月後半月。並非兩辰之間也。假如閏正月。則雨水中氣在正月望。春分中氣在二月朔。而閏月只有驚蟄節。在月望。則其前半月必指寅。後半月必指卯。惟驚蟄日。指寅與卯之交界縫中。可謂之兩辰間。閏在餘月亦然。地盤周圍分為十二辰。首尾鱗次。如環無端。又何處設此三十度於兩辰間。以為閏月三十日之所指乎。凡若此等習說。並由未經實測。而但知斗杓所指為月建。遂岐中生岐。成此似是而非之解。天下事每壞于一知半解之人。往往然也。

又按斗杓之星。距北極只二十餘度。必以北極為天頂。而後可以定其所指之方。今中土所處。在斗杓之南。仰而觀之。斗杓與辰極並在天頂之北。其斗杓所指之方位。原難清楚。故古人祗言中星。不言斗杓。蓋以此也。如淮南子等書。言招搖東指。而天下皆春。不過大槩言之。原非以此定月。

又按傳言營室之中。土功其始。火之初見。期于司里。又言水昏正而栽。日至而畢。詩亦言定之方中。作于楚宮。又言七月流火。九月授衣。古之人以星象授人時。如此者不一而足也。若以歲差考之。則于今日並相差一二旬矣。然而當其時各據其時之星象。爲之著令。所以使民易知也。而終未有言斗杓指何方而作何事者。則以其方位之難定也。十二月建之非關斗柄明矣。是故斗柄雖因歲差而所指不同。正月之建寅。不可易也。

論古頒朔

問論語子貢欲去告朔之餼羊。孔子不然。其說曰。我愛其禮。不知周制頒歷其式如何。曰頒朔大典也。蓋王政在其中矣。古者天子常以冬月頒來歲十二月之朔于諸侯。諸侯受而藏諸祖廟月朔則以特羊告廟請而行之如是其隆重者何也蓋旣曰請而行之則每月內各有當行之政令頒于天子而諸侯奉行惟謹焉故告朔之後即有視朔聽朔之禮所以申命百官有司以及黎庶相與恪遵以奉一王之大法此之謂奉正朔也是故大之有朝覲會同之期有隣國聘問之節有天子巡狩朝于方岳之時此等大禮皆以年計而必有定期如虞書東巡狩必于仲春南巡狩必于仲夏之類其於宗廟也有禴祠烝嘗四時之祭有畊藉田夫人親蠶以預備粢盛衣服之需其於羣神也有山川社稷祈穀報歲八蜡五祀之典其於黌序也有上丁釋菜冬夏詩書春秋羽籥之制其於農事也有田畯勸農播種收穫溝洫隄防築場納稼之務有飲射讀法遒人狥鐸之事其於軍政也有蒐苗獮狩振旅治兵之政其于土

功也有公旬三日之限其于刑罰也有宥過釋滯折獄致刑之月又如藏氷用氷出火內火仲夏斬陽木仲冬斬陰木獺祭魚然後漁人入澤梁豺祭獸然後田獵之類凡若此者皆順四時之序以爲之典章先王之所以奉若天道也而一代之典制既藏之太府恪守無斁矣又每歲頒示諸侯以申命之諸侯又於每月之朔告于祖廟請而奉行之天子本天以出治無一事敢違天時諸侯奉天子以治其國無一事不尊王命以上順天時唐虞三代所以國無異俗家無異教道德一而風俗同蓋以此也故曰頒朔告朔實爲大典而王政因之以行也周既東遷矣王政不行魯不告朔他國可知蓋視爲弁髦久矣厥後遂有司歷再失閏之愆而大夫陪臣之僭亂紛紛矣以秉禮之國而蔑

棄王朝大典。何怪其羣相效尤。是故夫子曰我愛其禮。蓋庶幾因此羊而念及先王之典也。如謂頒朔祇以識月之大小。辨朔望生明死魄之干支。何取乎每月告廟之繁文也哉。由是以觀。則三代時所頒之歷。可知已矣。

論歷中宜忌

問歷法中宜忌之說。古有之乎。曰無之也。蓋起近代耳。堯之命羲和也。曰敬授人時。曰東作西成。曰允釐百工庶績咸熙。歷之大用蓋如此也。何嘗有選擇之事乎。司馬遷曰閱陰陽之書使人拘而多畏。其說蓋起于戰國之時。夫箕子陳洪範其七曰稽疑。古者有大政。既斷之于主心。又謀及卿士謀及庶人矣。然必謀及卜筮。古聖人不敢自專自用。而必協謀于神人。蓋其慎也。

戰國力爭此義不明太卜筮人之官廢疑事無所決陰陽家言乃紛然以出矣隋唐之季其說愈多故呂才援引古義著論以非之可謂深切著明矣然而敎化不行吉凶福禍之說深中于人心黠者乘之各立異說以恫喝聾俗愈出愈支六十干支而選擇之書乃有九十餘家同此一日而此以爲大吉彼以爲大凶令人無所適從誣民惑世莫此爲甚今官曆宜忌本于選擇歷書不知其爲元時所定明初所定然考史志歷代言歷者初無一字及於選擇又如羅計四餘郭守敬歷經所無而大統增入之然則此等不經之說並元統郭伯玉等所爲耳原其初意或亦欲假此以定民之趨然官歷雖頒宜忌而民間偏惑通書通書既非一種而術者私書更多雖戶說以渺論不能止也今

若能一切删去，只載宜行政事，及南北耕耘收穫之節，則唐虞三代敬天勤民之至意復覩今日，豈不快哉。

洪武中解大紳應西封事曰：治曆明時，授民作事，但申播植之宜，何用建除之謬？方向煞神，事甚無謂，孤虛宜忌，亦且不經。東行西行之論，天德月德之云，臣料唐虞之曆必無此等之文，所宜著者，日月之行，星辰之次，仰觀俯察，事合逆順，七政之齊，正此類也。按：此說甚正，惜當時不能用，然實爲定論，聖人所不能易也。

論治曆當先正其大，其分秒微差可無深論

問：曆法至今日可謂詳且密矣，然徵諸交食，亦或有微差之刻何歟？曰：此可以不必深論者也。考漢時不知定朔，故日食或不在朔。或差而前。則食於晦。差而後。則食於初二日。直至唐李淳風麟德歷始用定朔。于是蝕必在朔。無差日矣。然尚有差時。厥後大衍歷所推益密。宣明曆又立氣刻時三差。至宋統天歷紀元歷又加詳焉。迨元授時歷。遂無差時。但有差刻。今西歷言東西南北差。以黃道九十度限爲宗。其理益明。其法益善。然而亦或有時而差刻分者。何也。今夫盆盎之中。可以照物。池沼澄清。則岸上之人物花鳥山陵樹木畢現其中。然而其邊際所域。必有所改易。兩鏡相照。則多鏡層現於一時。而六層以上。必有所窮。况乎以八尺之璣衡。測大圓之宮度。其大小之比例。道里之遼濶。不可以億計。而因積候之多。用算之巧。遂至交食應期。虧復應候。東西南北方向胥符。而但有晷刻之後先分秒之同異。

即謂之不差可矣。國家治曆所重者順天出治，以敬授人時，日食之類所重在於修省，至於時刻小差，原非所重，但當令司曆者細加測候，詳紀其所差之數，以待後來修歷者，使有所據依，以益精其推步而已，斷不可因小節之微差而輒更成法也。漢唐宋歷法屢改而多不效，元明三四百年守一授時法，而交食不效只數事而已，況今新曆又加精於授時，何必復加更變乎。或謂歷算之差由于尾數，予謂此一端耳，尾數有丢收，無關大數，所難者乃根數耳，盈縮遲疾之根，雖有離朱無所施其目，並由年深日久，然後知之，又如最高之行，利氏所定與今所用不同，皆根數之差，歷所以取象于革也。

終

歷算叢書輯要卷五十一

交食目錄

交食一　卷之五十一
日食蒙求
交食二　卷之五十二
日食蒙求附說
交食三　卷之五十三
月食蒙求
交食四　卷之五十四
交會管見

歷算叢書輯要卷五十一

宣城梅文鼎定九甫著　孫　瑴成玉汝甫　重較録
玕成肩琳甫
曾孫　鈖用和
鈖二如
鈁導和　同較字
鏐繼美

交食一

日食蒙求

歷書有交食蒙求七政蒙引二目，刻本逸去。茲以諸家所用細草補之，并稍爲訂定，以便初學。

一求諸平行

首朔根　檢二百恒年表。本年下首朔等五種年根。并紀日錄之。

朔策　用十三月表。以所求某月五種朔策之數。錄于各年根下。

平朔　以首朔日時與朔實及紀日并之。滿二十四時進一日。滿六十日去之。

太陽平引　以太陽引根與朔策并之。

太陰平引　以太陰引根與朔策并之。

交周平行　以交周度根與朔策并之。隨視其宮度。

〇宮二十度四十分內

五宮〇九度二十分外

六宮十一度二十分內

十一宮十八度四十分外

以上俱有食。再于實交周詳之。

太陽經平行　以太陽經度根與朔策并之。

二求日月相距

日定均　以太陽平引宮度。檢一卷加減表。如平引滿三十分。進一度查之。記加減號。

月定均　以太陰平引宮度。檢一卷加減表。如平引滿三十分。進一度查之。記加減號。

距弧　以日月定均同號相減。異號相加。即距弧。

距時　以距弧度分于四行時表月距日橫行內檢取相當或近小數。以減距弧得時。視相當近小數本行上頂格所書時數錄之即是。其餘數再如法取之。得時之分秒。依上法。用相當近小數取之。并所得數。即爲距時。

隨定其加減號

兩均同減者。日大則減。日小則加。

兩均同加者。日大則加。日小則減。

兩均一加一減者。加減從日。

三求實引

日引弧　以距時時及分。入四行時表。取太陽平行兩數兩數謂時及分。下同。并之。依距時加減號。

日實引　置太陽平引以日引弧加減之即得。

月引弧　檢四行時表取距時時分下太陰平引兩數并之。依距時加減號。

月實引　置太陰平引以月引弧加減之即得。

四復求日月相距

日實均　以日實引宮度檢一卷加減表如實引滿三十分進一度查之。記加減號。

月實均　以月實引宮度檢一卷加減表如實引滿三十分進一度查之。記加減號。

實距弧　以日月實均同減異加即得。

實距時　以實距弧度分檢四行時表。與前距時同。加減號亦同前。

五求實朔

實朔　置平朔。以實距時加減之即得。如加滿二十四時者進一日。不及減者借二十四時減之。則退一日爲實朔也。

六求實交周

交周距弧　檢四行時表。以實距時。時分取交周平行兩數并之即得。依實距時加減號。

交周次平行　置交周平行。以交周距弧加減之即得。

實交周　置月實均記加減號。以加減交周次平行即得實交

周

隨視其宮度以辨食限。

凡陰歷○宮十七度四十分以內

五宮十二度二十分以外

凡陽歷六宮○八度二十分以內

十一宮廿一度四十分以外

實交周入此限者並有日食。

七求躔離實度

日距弧　以實距時時分檢四行時表取太陽平行兩數并之即得。依實距時加減號。

日次平行　置太陽經度平行以日距弧加減之即得。

日實度　置日實均（記加減號。）以加減日次平行。卽日實度。

八求視朔

加減時　以日實度。檢一卷加減時表。（如日實度滿三十分。進一度取之。）記加減號。

視朔　置實朔。以加減時加減之。卽得。

九求徑距較數

月距地　以月實引。查二卷視半徑表。月距地數卽得。（度取相近者用之。）

月半徑　查月距地下層有太陰之數。卽月半徑。

日半徑　以日實引加減六宮。檢視半徑表。取太陽之數。卽得。（日實引在六宮以下。加六宮。如四宮則用十宮。實引在六宮以上。減六宮。如十宮則用四宮。

并徑　以日月二半徑并之即是。

月實行　以月實引宮度滿三十分進一度查。檢二卷太陰實行表。度取相近者用之。

十求近時

總時　檢四卷九十度表。九十度表。一名黃平象限表。其表隨地不同。如在京師立算。取四十度。在江南。取三十二度。各依極出地。取本表用之。以日實度取表第一行宮度得相對第二行幾時幾分。另以視朔時分與十二時相加減。得數以加入之即爲總時。總時過二十四時去之。用其餘。

加減十二時法

視朔在十二時以上。減去十二時。止用餘數。

視朔在十二時以下。加上十二時用之。

日距限

以總時時分入黃平象限本表第二行。取其相對第三行九十度限下之宮度分。用中比例得數。與日實度相減。即得日距限度分。并東西號。

定東西法

日實度大。內減限度。　日在限東。

日實度小。去減限度。　日在限西。

限距地高

以總時時分相對本表第五行限距天頂數。置象限九十度減之。餘數即限距地高。

日赤道緯

以日實度在三宮以下者。加九宮。在三宮以上者減去三宮。用檢五卷太陽距赤緯表。即得。記書南北號。

日距地高

以日赤緯視朔時檢六卷高弧表。高弧隨地不同。各依北極高度取用。先以緯度或南或北之數。檢右直行。次以視朔檢上橫行。其視朔滿十二時去之。用其餘刻入表。假如十二時三十三分。止以三十三分。作二刻入表。不滿十二時。則置十二時減之。用其餘。表。如減餘一時。即作四刻。

月高下差

以九求月距地數。及日距地高度。滿三十分進一度。檢八卷太陽太陰視差表。先以月距地數。檢右直行。次以日距地高檢上橫行。得數內減去本數上之太陽視差分秒。即月高下差。

兩圈交角

用本求日距限。限距地高。滿三十分進一度。檢七卷交角表。以限距地查左右直行。以日距限檢上橫行。用中比例取之。得數以減象限。即得。

定交角

置交角加減白道角五度。爲定交角。實交周是宮十一宮。日距限在限西則減。在限東則加。若實交周是五宮六宮。日距限在限西則加。在限東則減。

時差

用定交角月高下差。檢八卷時氣差表。以定交角。檢左右直行。以月高下差檢上橫行。即得時差。順度。用上時差號。逆度。用下時差號。

近時距分

月實行化秒爲一率。六十分爲二率。時差化秒爲三率。二三相乘。一率除之。即得。零及半者。收作一數。

近時

置視朔。以近時距分加減之。即得。日在限西則加。限東則減。如定交角大於象限。則反其加減。若適足象限。則無時差。即以視朔爲食甚眞時。不用後法。

十一求眞時

近總時　置總時以近時距分加減之。即近總時。日在限西則加。限東則減。

日距限　以近總時。如前法取之。記東西號。

限距地高　以近總時如前法取之。

日距地高　以日赤道緯。及近時如前法檢高弧表。

月高下差　以九求月距地。及本求日距地如前法檢視差表。

兩圈交角　以日距限。限距地高如前法檢交角表。如前加減爲定交角。

近時差　以定交角度。及月高下差。如前法檢時氣差表。

視行　以近時差。與先得時差。相減爲較。若先得時差

小以較減之若先得時差大以較加之即爲視行又捷法倍先得時差內減去近時差得視行亦同

眞時距分　以十求內先得時差化秒與近時距分相乘爲實以視行化秒爲法除之即得

眞時　置視朔以眞時距分加減之即眞時亦以限西加限東減

十二求考定眞時

眞總時　復置總時以眞時距分加減之日在限西則加限東則減即眞總時

日距限　限距地高並以眞總時查　日距地高以眞時

月高下差　兩圈交角定交角　以上並如前法

眞時差氣差

以本求定交角月高下差。如前法取時差表內得時差卽得氣差。

眞距度

以眞時距分與月實行化秒相乘爲實一小時化秒爲法除之得數爲眞距度。秒六十收爲分。

食甚定時

以所得眞距度與本求眞時差相較若相等者卽用眞時爲食甚定時。如此。卽不用後條距較考定法。

距較度分

若眞距度。眞時差。相較有餘分卽爲距較度分。差數秒不論。

距時損益分

以眞時距分與距較度分化秒相乘爲實十求內先得時差化秒爲法除之得數爲距時損益分。　若眞時差大于眞距度則爲益分。　眞時差小于眞距度則爲損分。須記損益號。

考定眞時距分

置眞時距分以所得損益分如號損益之卽是。

考定食甚時　復置視朔時。以考定眞時距分加減之。東減西加。並如原號。為考定食甚時。

十三求食分

距時交周　以實朔與眞時相減得較數。如前法取四行時表交周度。即得。限東為減號。限西為加號。

定交周　置實交周。以距時交周加減之。即得。

以定交周檢太陰距度表。依中比例求之。式如左。

月實黃緯　假如定交周○宮十度十四分。求其黃緯。

先取十度　緯　五十一分四十六秒

次取一十一度　五十六分五十三秒　較五分七秒

一率　全度六十分　二率　三百○七秒

三率　小餘十四分　四率　七十一秒

以所得四率七十一秒。收爲一分一十一秒。加十度黃緯。共得黃緯五十二分五十七秒　其緯在北。

中比例加減法表上數前少後多者加。前多後少者減。

辨月緯南北

並視定交周是〇宮五宮。六宮十一宮。其緯在北。南。

月視黃緯

置月實黃緯。以氣差加減之。即得視緯。凡月實緯在南。以氣差加月實緯在北。以氣差減。若實緯在北。而氣差大于實緯。當以實緯轉減氣差爲視緯。其緯變北爲南。

并徑減距

置前并徑內減去一分。再以月視緯減之。即并徑減距。如月視黃緯大於并徑不及減則不得食矣。

倍日半徑爲一率。十分爲二率。并徑減距爲三率。求得四率爲食甚分秒。

食分

十四求初虧時刻

日食月行復圓同用以日實引檢八卷日食月行表。分表查三。五。六。七宮在最高限取。二。三。四。八。九。十。宮在中距限取。〇。一。十一宮在高衝限取。如日實引滿十五度。進一宮查之。法以月實引宮檢直行。如月實引滿十五度。亦進一宮查之。又以月視黃緯分檢上橫行。取縱橫相遇之數。即所求日食月行度分。

前總時

以十二求眞總時內減一時。即前總時。

日距限記東西號。若眞時在限西。而初虧限東。則爲異號。　限距地。並以前總時如法求之。

日距地高　置眞時內減一時。如前法以日赤緯檢高弧表。

月高下差　以九求月距地。及本求日距地高。如前法檢視差表。

兩圈交角定交角　以本求日距限。及限距地。檢交角表。如前法求之。

前時差　以本求定交角及月高下差。如前法檢時氣差表。

差分　以前眞時差相減併。卽差分。法恒用減。惟定交角過九十度。則相併。其東西異號者恒相併。惟定交角過九十度則相減。

視行　置月實行。以差分加減之。卽得視行。

日在限西。東。　前時差大則加。減。　小則減。加。

若差分用併者則恒減。又若食甚眞時定交角滿象限無眞時差可較。卽用前時差減。或初虧定交角滿象限。無前時差。卽用眞時差減。並減實行爲視行。

初虧距時分　以本求視行化秒爲一率。一小時六十分爲二率。置日食月行分內減一分化秒爲三率。二三率相乘爲實。一率爲法除之。得數即初虧距時。以滿六十分爲一時。

初虧時刻　置眞時。即食甚內減去初虧距時分。即初虧時刻。

十五求復圓時刻

後總時　用十二求眞總時加一時。即後總時。

日距限　以後總時如前法求之。記東西號。若眞時在限東。復圓在限西。爲異號。

限距地高　以後總時取之。並如前法。

日距地高　用眞時加一時。以日赤緯檢高弧表。如前法。

月高下差　以月距地九求及本求日距地高檢視差表。如前法。

兩圈交角定交角　以本求日距限限距地高。檢交角表。如前法。

後時差　以本求定交角。及月高下差。檢時氣差表。如前法。

差分　以後時差與眞時差相減。併得差分。法同初虧。

視行　置月實行。以差分加減之。即得視行。

日在限西東。後時差大則減加。小則加減。

若差分用併者恒減。又若食甚眞時定交角滿象限。無眞時差可較。即用後時差。或復圓定交角滿象限。無後時差。亦即用眞時差。法恒用減。與初虧同。

置日食月行分。即初虧所用。內減一分化秒爲三率。

復圓距時分　一小時六十分爲二率。本求視行化秒爲一率。二三相乘爲實。一率爲法除之。得復圓距時。分滿六十爲時。

復圓時刻　置眞時恒以復圓距時加之即得

十六求宿度

黃道宿度　置日實度命黃道宮名即食甚時黃道宮度宮起星紀以各宿黃道宿鈐近小者去減黃道宮度即得食甚時黃道宿度記寫宿名法以所求年距歷元戊辰之算乘歲差五十一秒加入宿鈐然後減之如加歲差後宿鈐轉大于食甚黃道不及減退一宿再如法減之如角宿不及減用軫宿是也

赤道宮度　以黃道宮度入一卷升度表對度取之黃道滿三十分進一度查即得所變食甚時赤道宮度記寫宮名或檢儀象志八卷取用亦同

赤道宿度

以所入宿黄道宫度并其宿南北緯度入儀象志八卷内如法求其宿赤道宫度。置所得食甚時赤道宫度。以本宿赤道宫度减之。餘爲食甚時赤道宿度。

定日食方位

又法以弧三角求之。其法别具。見補遺

食八分以上者。初虧正西。復圓正東。不及八分者。看月實黄緯號在南者。初虧西南。食甚正南。復圓東南。黄緯號在北者。初虧西北。食甚正北。復圓東北。

○宫至五宫爲陰歷。其號在北。

六宫至十一宫爲陽歷。其號在南。

又法不論東西南北。惟以人所見日體上下左
右爲憑。詳交會管見。

補遺

帶食法

求日有帶食法

若食在朝者。初虧時刻在日出前。食在暮者復圓時刻在日入後。是有帶食也。

求帶食距分

若帶食在朝者。以日出時刻。在暮者。以日入時刻。並與食甚時刻相減。餘即爲帶食距分。

辨食分進退

凡日出入時刻在食甚前其所帶食分爲進也。食在朝。爲不見初虧。尚可見食甚復圓。日在暮。爲但見初虧不得見食甚復圓。

若日出入時刻在食甚後其所帶食分爲退也。食在朝。爲不見初虧食甚。但見復圓。食在暮。爲可見初虧食甚。不見復圓。

若日出入時刻與食甚同則不用更求帶食分即以原算食分爲日出入時刻所帶食分其食十分者爲帶食既出入。食在朝。爲不見初虧。食在暮。爲不見復圓。

求帶食出入之分

帶已退之分者。以復圓方進之分者以初虧距分化秒爲法。並以帶食距分化秒日食月行化秒相乘爲實實如法而一得數自乘又以月視黄緯化秒自乘并而開方得數收爲分。以六十秒爲分。得日出入時距緯以

減并徑餘數以十分乘之爲實太陽全徑爲法除之得日出入時帶食之分

算赤道宿度用弧三角法

一求赤道緯度

兩極距二十三度三十一分半爲一邊本宿距星去黄極度爲一邊二邊相加爲總相減爲較總弧較弧各取餘弦以總弧不過象限兩餘弦相減過象限相加並折半得初數　又以黄道經度爲對角取其矢黄道春分後三宮以正弦夏至後三宮以餘弦並與半徑相減爲正矢秋分後三宮以正弦冬至後三宮以餘弦並與半徑相加爲大矢以乘初數爲實半徑爲法除之得矢較以加較弧矢得赤道緯度矢矢與半徑相加減得本宿赤道緯度正弦加矢較後得數小于半徑則轉減半徑爲正弦其緯在北若加後得數大于半徑則于內減去半徑爲正

弦。其緯在南。

一求赤道經度

以所得赤道緯度。是北緯與象限相減。南緯與象限相加。爲去北極度。用與兩極距度相加爲總。相減爲較。總較各取餘弦。以總弧不過象限。兩餘弦相減。過象限相加。並折半爲初數。又以宿去黃極度取矢。與較弧矢相減。得較。以乘半徑爲實。初數爲法除之。得角之矢。與半徑相加減。得本宿赤道經度之弦。角之矢小于半徑爲正矢。其經度在南六宮。若矢度大于半徑爲大矢。其經度在北六宮。春分至秋分半周爲北六宮。所得爲大矢。當于得數內減半徑爲赤道經度之弦。

春分後三宮爲赤道正弦。　夏至後三宮爲赤道餘弦。

秋分至春分半周。爲南六宮。所得爲正矢。當置半徑。以得數減之。爲赤道經度之弦。

秋分後三宮。爲赤道正弦。　冬至後三宮。爲赤道餘弦。

作日食總圖法（依舊法。稍爲酌定。）

先定東西南北之向

作正十字綫。其横者黄道也。以左爲東。以右爲西。其立者黄道經圈也。以上爲北。以下爲南。次以十字交處爲心。太陽半徑爲界。規作圓形。以象太陽光體。太陽居十字正中。則東西南北各正其位矣。

次定食限

十字心爲心。太陽太陰兩半徑相併爲度。（用太陽半徑原度。以後量視緯亦同。）規作大圓於太陽之外。是爲食限。太陰心到此圈界。始得與太陽相切。過此則不食也。

一次求月道

實交周在〇宮十一宮。爲月道由陽歷入陰歷也。法於圓周上下各自南北綫左旋數五度識之。圓周並分三百六十度。若實交周是五宮六宮。爲月道由陰歷入陽歷也。則于圓周上下各自南北綫右旋數五度識之。並以所識聯爲直綫。必過圓心。是爲月道上經綫也。于此綫上從圓心量至月視黃緯爲度。視緯在北。自圓心向上量之。視緯在南。自圓心向下量之。即食甚時月心所到點也。于此點作橫綫與月道經綫相交如十字。則自虧至復月行之道也。此綫兩端引長。與大圈相割。東西各有一點。即爲初虧復圓時月心所到之點也。

西爲初虧。
東爲復圓。

次考食分

初虧食甚復圓三點各爲心。以太陰半徑爲度。作圓形以象月體。即見初虧時太陰來掩太陽其邊相切。復圓時太陰已離太陽其光初滿。食甚時太陰心與太陽心相距最近。食分最深。若以太陽全徑。分爲十分。則所掩分數惟此時與所算相符。故謂之食甚也。

又初虧時或在日體正西。或在西南西北。復圓時。或在日體正東。或在東南東北。食甚時。或在日體正南。或在正北。或食十分則正相掩。無南北。並以太陽心爲中。論其南北東西。一一皆如所算。　又或有時太陰全徑小于太陽全徑十秒以上。兩心雖

正相掩不能全食當依月徑於太陽光界之內規作太陰卽見四面露光之象爲金環食也

辨日實度大小法

凡論日食在限東西並以日實度大於黄平限度則食在限東若小於黄平限度則食在限西其法有三

其一日實度與限度同在一宫之內卽以度分多少爲大小

假如限度在寳瓶宫十度日實度在寳瓶宫十五度是日實度大則內減限度得食在限東五度也　若日食度在寳瓶宫七度是日實度小則置限度以日實度減之得食在限西三度也

其二日實度與限度不同宫則以一宫通作三十度然後相較

假如限度作寶瓶宮十度日實度在雙魚宮十五度法以寶瓶宮十度作四十度寶瓶是一宮一宮者三十度也既原帶有三十度加入今限度十度共得限度四十度爲自〇宮初度算起也以雙魚宮十五度作七十五度雙魚是二宮原帶有六十度加入今日實度十五度共得日實度七十五度亦自〇宮初度算起也相減得日實度大于限度三十五度爲食在限東之距也

若限度在寶瓶十度而日實度在磨羯十五度法以寶瓶十度作四十度解見上與磨羯十五度相減磨羯是〇宮故只用本度亦是從〇宮初度起算得日實度小于限度二十五度爲食在限西之距也

其三日實度與限度不同宮而其宮相隔太遠如一在磨羯寶瓶雙魚一在天秤天蝎人馬則以加十二宮之法通之然後相較

假如限度在天蝎十五度。日實度在寶瓶十度。相隔太遠。天蝎是十宮。寶瓶是一宮。相隔九宮。是太遠也。法當于寶瓶加十二宮。得十三宮十度。內減天蝎十宮。餘三宮十度。作一百度。內又減天蝎宮原有十五度。餘八十五度。為日實度大于限度之距。而食在限東。

又如限度在雙魚宮五度。日實度在人馬宮二十五度。雙魚是二宮。人馬是十一宮。相隔九宮。法當于雙魚加十二宮。得十四宮。五度內減人馬十一宮。餘三宮。五度作九十五度。內又減人馬宮原有二十五度。餘七十度。為日實度小于限度之距。而食在限西。

凡限度為地平上黃道半周之最高度。日實度或在其東。或在其西。皆距限度在一象限內。若過象限。即在地平以下。不得見食矣。故無隔三宮以上之事。然反有隔九宮以上者。右旋一周之度畢於人馬十一宮。而復起磨羯宮。故以加十二宮之法通之。而隔九宮以上者距度反近。亦只在三宮以下為象限內而已。

步日食式　依京師立算

康熙　年　月　朔日食分秒時刻及方向

計開　附帶食

食分十秒　日　時帶食　分　秒　地平

日出　刻　分

初虧　刻　分　在日出　分　見

食甚　刻　分　在日　分　見

復圓　刻　分　在日入　分　見

限内共　時　分　日入　刻　分

日躔黄道　宫　度　分　宿　度　分

赤道　宫　度　分　宿　度　分

算式

一求諸平行	日	時	分	秒
首朔根				
紀日				
朔策				
平朔				
太陽引根				
朔策				
太陽平引				
太陰引根				
朔策				
太陰平引				
交周度根				
朔策				
交周平行				
太陽經度根				
朔策				
太陽經平行				

二求日月相距	宮	度	分	秒

日定均				
月定均				
距弧				
距時				
三求實引	宮 日	度 時	分	秒
置太陽平引				
日引弧				
日實引				
置太陰平引				
月引弧				
月實引				
四求實距				
日實均				
月實均				
實距弧				
實距時				
五求實朔	日	時	分	秒
置平朔				
實朔				

六求實交周	宮	度	分	秒
置交周平行				
交周距弧				
交周次平行				
置月實均				
實交周				
七求日實度				
置日經度平行				
日距弧				
日次平行				
置日實均				
日實度				
八求視朔				
置實朔				
加減時				
視朔				
九求徑距較數	日 宮	時 度	分	秒
月距地				

	宮日	度時	分	秒
月半徑				
日半徑				
并徑				
月實行				
十求近時				
日實度變時				
午後距視朔時				
總時				
黃平限度				
置日實度				
日距限度				
限距地高				
日赤緯				
日距地高				
月高下差				
兩圈交角				
定交角				
時差				
近時距分				
置視朔				
近時				

十一求眞時

置總時
置近時距分
近總時
黃平限度
置日實度
日距限度
限距地高
日距地高
月高下差
兩圈交角
定交角
置先得時差
倍先得時差
近時差
視行
眞時距分
置視朔
眞時

日	時	分	秒

十二求考定眞時

宮	度	分	秒

十三求食分	日	時	分	秒
置總時				
置真時距分				
真總時				
黃平限度				
置日食度				
日距限度				
限距地高				
日距地高				
月高下差				
兩圈交角				
定交角				
氣差				
真時差				
真距度				
距較度分				
距時損益分				
置真時距分				
定真時距分				
置視朔				
考定真時				

	宮	度	分	秒
置實朔				
置定真時				
距時				
置實交周				
距時交周				
定交周				
月實緯				
置氣差				
月視緯				
并徑減一				
并徑減距				
食分				

十四求初虧時刻	日	時	分	秒
日食月行				
置真總時				
與號				

	日/宮	時/度	分	秒
前總時				
黃平限度				
置日實度				
日距限度				
限距地高				
日距地高				
月高下差				
定交角				
前時差				
置眞時差				
差分				
置月實行				
視行				
初虧距分				
置定眞時				
初虧時刻				

十五求復圓時刻

時刻 / 度	日 / 宮	時 / 度	分	秒
後總時				
黃平限度				
置日實度				
日距限度				

	日	時	分	秒
限距地高				
日距地高				
月高下差				
定交角				
後時差				
置眞時差				
差分				
置月實行				
視行				
復圓距分				
置定眞時				
復圓時刻				
置初虧時刻				
限內共時				

十六求宿度

	宮	度	分	秒
黃道宮度				
宿鈐加歲差				
黃道宿度				
赤道宮度				
宿赤宮度				
赤道宿度				

終

歷算叢書輯要卷五十二

交食二 日食附說

第一求

恒年表以首朔爲根。何也。曰首朔者。年前冬至後第一朔也。因算交會必于朔望。故以此爲根也。根有五種。曰干支也。太陽太陰各平引也。太陰交周。太陽經度。各平行也。太陽太陰各二。而干支者所以紀之也。西歷于七政皆起子正。而此處首朔日時有小餘者。交會無一定之時故也。紀日者。年前冬至次日之干支也。首朔日時者。年前十二月朔距冬至之日時也。以此相加。得首朔之干支。及其小餘矣。于是再以逐月之朔實加之。得各月平朔干支。及其小餘矣。

太陽平引與其經度不同何也曰太陽引數從最高衝起算而經度從冬至起算也冬至定于○宫初度最高衝在冬至後六七度且每年有行分此西歷與古法異者也

第二求

日定均者即古法之盈縮差也月定均者遲疾差也距弧者平朔與實朔進退之度也距時者平朔實朔進退之日時也因兩定均生距弧因距弧生距時即古法之加減差也

第三求第四求五求

平朔旣有進退矣則此進退之時刻內亦必有平行之數故各以加減平行而爲實引也實引旣不同平引則其均數亦異故又有實均以生實距弧及實距時也夫然後以之加減平朔而

爲實朔也。

平朔古云經朔。實朔古云定朔。然古法定朔。卽定于第二求之加減差。其三求四求之法。古亦有之。謂之定盈縮。定遲疾。則惟于算交食用之。而西曆用于定朔。此其微異者也。

第六求 原爲第九

朔有進退。則交周亦有進退。故有實交周。按古法亦有定交周。其法相同。然必先求次平行者。以實朔原有兩次加減也。只用月實均者。其事在月也。其序原居第九。今移此者。以辨食限也。

第七求 原爲第六

經度有次平行者。以實朔有兩次加減。故經行亦有兩次加減。乃得日實度也。只用日實均者。其事在日也。

第八求

問平朔者古經朔也。實朔者古定朔也。何以又有視朔。曰此測驗之理。因加減時得之。古法所無也。

何以謂之加減時。曰所以求實朔時太陽加時之位也。蓋曆家之時刻有二。其一爲時刻之數。其一爲時刻之位。凡布算者稱太陽右移一度稍弱爲一日。又或動天左旋行三百六十一度稍弱爲一日。此則天行之健。依赤道而平轉。其數有常。于是自子正歷丑寅復至子正。因其運行之一周而均截之。爲時爲刻。以紀節候。以求中積。所謂時刻之數也。凡測候者。稱太陽行至某方位。爲某時爲某刻。此則太虛之體。依赤道以平分其位。一定不移。于是亦自子正歷丑寅復至子正。因其定位之一周而均分之爲時。爲刻。以測加時。以候凌犯。所謂時刻之位也。之二者並宗赤道。宜其同矣。然惟二分之日。黃赤同點。經緯並同。二至之日。黃赤同經。緯異經同。則數與位合。所算時刻之數。太陽即居本位。與所測加時之位。一一相符。不用加減時。其過此以往。則二分後有加分。加分者。太陽所到之位在實時西。二至後有減分。減分者。太陽所到之位在實時東也。

然則所算實朔。尚非實時乎。曰實時也。實時何以復有此加減。曰正惟實時。故有此加減。若無此加減。非實時矣。蓋此加減時分。不因里差而異。九州萬國。加減悉同。非同南北東西差之隨地而變。亦不因地平上高弧而改。高弧雖有高下。加減時並同。非若地半徑及蒙氣等差之以近地平多。近天頂少。而獨與實時相應。但問所得實時入某節氣。或在分至以後。或在分至以前。其距分至若同。即其加減時亦同。是與實時相應也。故求加減時者。本之實時。欲辨實時之眞者。亦即徵諸加減時矣。

其以二分後加二至後減何也曰升度之理也凡二分以後黃道斜而赤道直故赤道升度少升度少則時刻加矣二至以後黃道以腰圍大度行赤道殺狹之度故赤道升度多升度多則時刻減矣。

假如所算實朔已定于某日午正時而以在二分後若干日當有加分則太陽加時之位必在午正稍西從而測之果在午正之西與加分數合即知實朔之在午正者眞也

又如所算實朔是未正而在二至後當有減分太陽加時之位必在未正稍東從而測之果在未正之東與減分數合即知實朔之在未正者確也。

加減時即視時也一日用時其實朔時一日平時。

加減時之用有二其一加減實時爲視時則施之測驗可以得其正位。如交食表之加減是其正用也其一反用加減以變視時爲實時則施諸推步可以得其正算如月離表之加減是其反用也然其理無二故其數亦同也。月離表改用時爲平時卽是據所測視時求其實時以便入算。

古今測驗而得者並以太陽所到之位爲時故曰加時言太陽加臨其地也然則皆視時而已視時實時之分自曆書始發之然有至理曆家所不可廢也。

第九求 原爲十求

月距地者何卽月天之半徑也月天半徑而謂之距地者地處天中故也地恒處天中則半徑宜有恒距而時時不同者生于

小輪也。月行小輪在其高度。則距地遠矣。在其卑度。則距地近矣。每度之高卑各異。故其距地亦時時不同也。日半徑月半徑者。言其體之視徑也。論其眞體。日必大于月。論其視徑。日月略相等。所以能然者。日去人遠。月去人近也。然細測之。則其兩視徑亦時時不等。此其故。亦以小輪也。日月在小輪高處。則以遠目而損其視徑。在其卑處。則以近目而增其視徑矣。

檢表法不同者。視半徑表並起最高。而加減表。太陽引數起最卑。太陰引數起最高。故月實引只用本數。而日實引加減六宮也。

并徑者。日月兩半徑之總數也。兩半徑時時不同。故其并徑亦

時時不同而食分之深淺因之虧復之距分因之矣

月實行者一小時之實行也其法以月距日之平行每日分爲二十四限即一小時平行也各以其應有之加減分加減之即一小時之實行也雖虧復距甚未必皆爲一小時而以此爲法所差不遠此與授時用遲疾行度內減八百二十分者同法

第十求原爲十一

總時者何也以求合朔時午正黃道度分也何以不言度而言時以便與視朔相加也然則何不以視朔變爲度曰日實度者黃道度也時分者赤道度也若以視朔時變赤道度亦必以日實度變赤道度然後可以相加今以日實度變爲時即如預變赤道矣此巧算之法也

其必欲求午正黃道何也。曰以求黃平象限也。卽表中九十度限何以爲黃平象限。曰以大圈相交必互相均剖爲兩平分。故黃赤二道之交地平也。必皆有半周百八十度在地平之上。黃道赤道地平並爲渾圓上大圈。故其相交必皆中剖。其勢如虹若中剖虹腰則爲半周最高之處。而兩旁各九十度。故謂之九十度限也。此九十度限黃赤道並有之。然在赤道則其度常居正午。以其兩端交地平。常在卯正酉正也。黃道則不然。其九十度限或在午正之東。或在午正之西。時時不等。惟二至度在午正。則九十度限亦在午正。與赤道同法。此外則無在午正者。而且時時不同矣。其兩端交地平亦必不常在卯正酉正。亦惟二至度在午正爲九十度限。則其交地平之處卽二分點。而黃道與赤道同居卯酉。此外則惟赤道常居卯酉。而黃道之交于地平。必一端在赤道之外。而居卯酉南。一端在赤道之內。而居卯酉北。而時時不等故也。黃道東交地平在卯正南。其西交必酉正北。而九十度限偏于午規之西。若東交地平在卯正北。其西交地平必酉正南。而九十度限偏于午正之東。則半周如虹者。時時轉動。勢使然也。

蓋黄道在地平上半周之度。自此中分。則兩皆象限。若從天頂作綫過此。以至地平。必成三角。而其勢不過如十字。故又曰黄平象限也。地平圜為黄道所分。亦成兩半周。若從天頂作弧綫。過黄平象限而引長之。成地平經度半周。必分地平之兩半周為四象限。而此經綫必北過黄極。與黄經合而為一。

問黄平象限在午正必二至日有之乎。曰否。每日有之也。凡太陽東陞西没。成一晝夜。則周天三百六十度皆過午正而西。故每日必有夏至冬至度在午正時。此時此刻即黄平象限與子午規合而為一。每日只有二次也。自此二次之外。二至必不在午正。而黄平象限亦必不在二至矣。觀渾儀當自知之。

黄平象限表以極出地分何也。曰準前論。地平上黄道半周中折之爲黄平象限。其兩端距地平不等。而自非二至在午正。則黄道之交地平。必一端近北。一端近南。亦前論所明。極出地漸以高。則近北之黄道漸以出。近南之黄道漸以沒。而黄平象限亦漸以移。此所以隨地立表也。

求黄平象限何以必用總時。曰黄平象限時時不同。卽午規之度亦時時不同。是午正黄道與黄平象限同移也。則其度必相應。是故得午正。卽得黄平。黄平限爲某度。其午正必爲某度。謂之相應。然則午正爲某度。卽黄平限必某度矣。故得此可以知彼。而總時者。午正之度也。此必用總時之理也。

曰距限分東西何也。曰所以定時差之加減也。凡用時差。日在限西則加。日在限東則減。

曰距地高何也。曰所以求黄道之交角也。時差氣差。並生于交角。又生于限距地度。

限距日二者交食之關捷而非黄平象限無以知之矣

日距地高何也謂合朔時太陽之地平緯度也亦曰高弧高弧之度隨節氣而殊故論赤緯之南北赤緯之南北同矣又因里差而異故論極出地極出地同矣又以加時而變故又論距午刻分極出地者南北里差距午刻分者東西里差也合是數者而日距地平之高可見矣

日赤緯加減宮數者何也緯表○宮起春分而日實度○宮起冬至故三宮以下加九宮三宮以上減去三宮以宮數從緯表也

視朔時加減十二時者何也求太陽距午刻分也日在地平上之弧度惟正午爲高其餘則漸以下或在午前或在午後皆以

距午為斷其距午同者高弧之度亦同也視朔滿十二小時是朔在午後也故內減十二時用其餘為自午正順數若不滿十二時是朔在午前則置十二時以視朔減之而用其餘為自午正逆推即各得其距午之刻分矣

其必求高弧者何也所以求月高下差也高下差在月而求日距地高者日食時經緯必同度故日在地平之高即月高也

何以為月高下差曰合朔時太陰之視高必下于真高其故何也月天在日天之內其間尚有空際故地心與地面各殊地面所見謂之視高以較地心所見之真高往往變高為下以人在地面傍視而見其空際也故謂之月高下差地心見食謂之真食地面見食謂之視食真食有時反不見食見視食時反非地心之真食然使地心地面同得見食而食分深淺亦必不同凡此皆月高下差所

爲也。

月高下差。時時不同。其緣有二。其一爲月小輪高卑。即第九求之月距地數也。在小輪卑處。月去人近。則距日遠。而空際多。高下差因之而大矣。在小輪高處。月去人遠。則距日近。而空際少。高下差因之而小矣。其一爲高弧。即本求之日距地高也。高弧近地平。從旁視而所見空際多。則高下差大矣。高弧近天頂。即同正視。而所見空際少。則高下差小矣。若高弧竟在天頂。即與地心所見無殊。無高下差。

小輪高卑。天下所同。高弧損益。隨地各異。故當兼論也。

兩圈交角何也。曰日所行爲黃道圈。以黃極爲宗者也。人在地平上所見太陽之高下。爲地平經圈。以天頂爲宗者也。此兩圈者各宗其極。則其相遇也。必成交角矣。因此交角遂生三差。日食必求三差。故先論交角也。

何以謂之三差。曰高下差也。東西差也。南北差也。是爲三差。

三差之內。其一爲地平緯差。即高下差。前條所論近地平而差多者也。其一爲黃道經差。即東西差。其一爲黃道緯差。即南北差。此三差者。惟日食在九十度限。則黃道經圈與地平經圈即高弧相合爲一。而無經差。故但有一差。無經差則但有緯差。是無東西差而有南北差也。而兩經緯既合爲一。則地平之高下差。又即爲黃道之南北差。而成一差。若日食不在九十度而或在其東。或在其西。則兩經圈不能相合爲一。遂有三差。月高下差。恒爲地平高弧之緯差。而黃道經圈。自與黃道爲十字正角。不與地平經合。以生經度之差角。是爲東西差。又黃道上緯度。自與黃道爲平行。不與地平緯度合。以生緯度之差角。是爲南北差。東西南北。並主黃道爲言。與地平之高下差。相得而成句股形。則東西差如句。南北差如股。而高下差常爲之弦。合之則成三差也。因此三差。有此方見日食。彼

方不見或此見食分深彼見食分淺之殊故交食重之而其源皆出于交角

得數減象限何也以表所列爲餘角也表何以列餘角曰三差既爲句股形則有兩圈之交角即有其餘角而交角所對者爲氣差（即南北差）餘角所對者爲時差（即東西差）作表者蓋欲先求時差故列餘角然與兩圈交角之名不相應故減象限而用其餘以歸交角本數也

定交角何也所以求三差之眞數也何以爲三差眞數曰日食三差皆人所見太陰之視差而其根生于交角則黄道之交角也殊不知太陰自行白道與黄道斜交其交於地平經圈也必與黄道之交不同角則所得之差容有未眞今以陰陽歷交黄

道之角。加減之爲定交角。以比兩圈交角之用爲親切耳。詳補遺

時差古云東西差。其法日食在東則差而東。爲減差。減差者時刻差早也。日食在西則差而西。爲加差。加差者時刻差遲也。其故何也。太陽之天在外。太陰之天在內。並東陞而西降。而人在地面所見之月度既低于真度。則其視差之變高爲下者。必順于黃道之勢。故合朔在東陞之九十度。必未食而先見。限東一象限。東下西高。故月之真度尚在太陽之西。未能追及于日。而以視差之變高爲下。亦遂能順黃道之勢。變西爲東。見其掩日矣。若合朔在西降之九十度。必先食而後見。限西一象限。黃道西下東高。故月之真度雖已侵及太陽之體。宜得相掩。而以視差之故。變高爲下。遂順黃道之勢。變東而西。但見其在太陽之西。尚遠而不能掩日矣。而東西之界。並自黃道九十度限而分。此黃平象限之實用也。

問日月以午前東升。午後西降。何不以午正爲限。而用黃平象

限乎。曰此西法之合理處也。何以言之。日月之東升西降。自午正而分者。赤道之位。終古常然者也。日月之視差東減西加。自九十度限而分者。黄道之勢。頃刻不同者也。若但從午正而分。則加減或至于相反。授時古法之交食有時而疎。此其一端也。

問加減何以相反。曰黄平限既與午正不同度。則在限爲西者。或反爲午正之東。在限爲東者。或反爲午正之西。日食遇之。則加減相違矣。假如北極出地四十度。設午正黄道即總時。爲寳瓶十七度。其黄平限爲雙魚十一度。在午正東二十四度。而日食午初日實度躔二宫二度。在限西九度。宜有加差。若但依午正而分。則食在午前。反當有減差。是誤加爲減。算必先天矣。又設午正爲天蝎二度。其黄平象限爲天秤八度。在午正西二十四度。而日食午正後二刻。日實度躔九宮二十四度。距限東十六度。宜有減差。若但依午正而分。則食在午後。反有加差。是又誤減爲加。算必後天矣。

時差表有倒用之說何也。曰此亦因交角表誤列餘角也。今既以交角表之數減九十度爲用。則交角已歸原度。而此表不須倒用矣。

近時距分者何也。卽視朔時或加或減之時刻分也。所以有此加減者。時差所爲也。然何以不徑用時差。曰時差者度分也。以此度分求月之所行。則爲時分矣。

查歷指所謂時差。卽近時距分。而東西差卽時差。表皆易之。今姑從表。以便查數也。

近時何也。所推視朔時與眞朔相近之時也。食在限東。此近時

必在視朔時以前故減食在限西近時必在視朔時以後故加

十一求（原爲十二）

近總時何也近時之午正黃道度也朔有進退午正之黃道亦因之進退故仍以近時距分加減十求之視朔午正度爲本求之近時午正度

既有近時又有近時之午正度則近時下之日距限及距限地高日距地高以及月高下差兩圈交角凡在近時應有之數一一可推因以得近時之時差矣（內除月距地數在九求日赤緯在十求並用原數其餘並改用近時之數故皆復求然求法並同十求）既得時差可求視行

視行者何也即近時距分內人目所見月行之度也何以有此視行曰時差所爲也蓋視朔既有時差則此時差所到之度即

視朔時人所見月行所到差于實行之較也。視朔既改爲近時。則近時亦有時差。而又即爲人所見近時月行所到差于實行之較矣。此二者必有不同。則此不同之較。即近時距分內人所見月行差于月實行之較矣。故以此較分加減時差爲視行也。

本宜用前後兩小時之時差。較加減月實行爲視行。如用距分減視朔者。則取視朔前一小時之時差。若距分加視朔者。則取視朔後一小時之時差。各取視朔時差。相減得較。以加減月實行。即爲一小時之視行。再用三率比例得眞時距分。法爲月視行與一小時。若時差度與眞時距分也。今以近時內之視行取之。其所得眞時距分等。

何以明其然也。曰先得時差。即近時距分之實行也。實行之比例等。則視行之比例亦等。

一　一小時實行　一小時視行　法爲一小時之實行與
二　一小時　一小時　一小時若時差度與近
三　時差近時距分之實行　視行即近時距分之視行　時距分則一小時之視
四　近時距分　近時距分　行與一小時亦若視行
度與近時距分也。

一　一小時視行　視行　今一小時視行與一小
二　一小時　近時距分　時既若時差與眞時距
三　時差　時差　分則視行與近時距分
四　眞時距分　眞時距分　亦必若時差與眞時距
分矣。

問視行之較一也。而或以加。或以減。其理云何。曰凡距分之時刻變大則所行之度分變少故減實行爲視行若距分之時刻變小則所行之度分變多故加實行爲視行假如視朔在黄平限之東時差爲減差而近時必更在其東其時差亦爲減差乃近時之時差所減大于視朔所減是爲先小後大其距分必大于近時距分而視行小于實行其較爲減又如視朔在黄平限之西時差爲加差而近時必更在其西時差亦爲加差乃近時之時差所加大于視朔所加是亦爲先小後大其距分亦大于近時距分而視行亦小于實行故其較亦減二者東西一理也若視朔在黄平限東其時差爲減而近時時差之所減反小于視朔所減又若視朔在黄平限西其時差爲加而近時時差之所加反小于視朔所加此二者並先大後小則其距分之時刻

變小矣時刻變小則視行大于實行而其較應加東西一理也

如圖戊爲黃平象限甲爲視朔甲乙爲視朔時差甲丙甲丁並近時時差其甲乙時差爲視朔時順黃道而差低之度變爲時即爲近時距分此分在限東爲減差若在限西即爲加差其理一也若以甲丙爲近時差則大于甲乙其較度乙丙依實行比例求其

近時差大減實行爲視行之圖

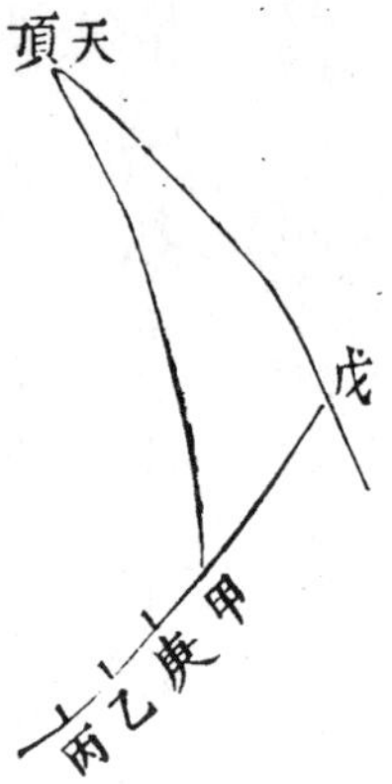

近時差小加實行爲視行之圖

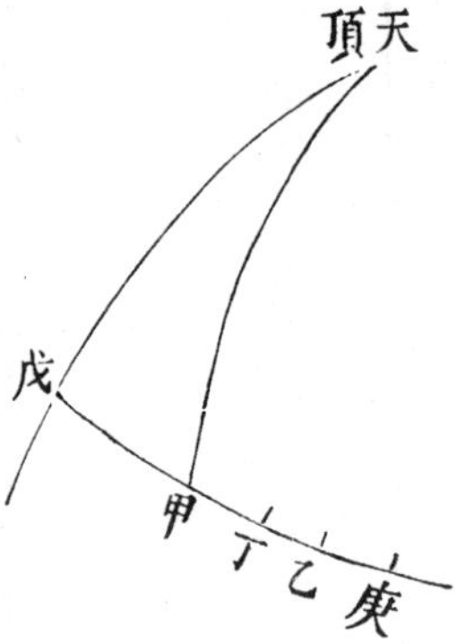

較時則距分變而大矣距分變大者行分變小法當于甲乙差

度內減去乙丙較度即乙庚其餘如甲庚則是先定甲乙距分行行甲乙度者爲實行而今定甲乙距分只行甲庚度者爲視行也故在東在西皆減也

又若以甲丁爲近時差則小于甲乙其較乙丁依實行比例求其較時則距分變而小矣距分變小者行分變大法當于甲乙差度外加入乙丁較度亦即乙庚成甲庚則是先定甲乙距分行甲乙度者爲實行而今定甲乙距分能行甲庚度者爲視行也故在東在西皆加也

捷法用倍時差減近時差何也曰卽加減也何以知之曰凡時差先小後大者宜減今于倍小中減一大是于先得時差內加一小時差減一大時差也卽如以較數減先時差矣先大後小

者宜加今于倍大内減一小是于先得時差内加一大時差減一小時差也即如以較數加先時差矣數既相合而取用不煩法之善者也

眞時距分者何也即視朔時或加或減之眞時刻也其數有時而大于近時距分亦有時而小于近時距分皆視行所生也視行小于實行則眞時距分大于近時距分矣視行大于實行則眞時距分小于近時距分矣其比例爲視行度于近時距分若時差度與眞時距分也

眞時何也所推視朔之眞時刻也眞時在限東則必蚤于視朔之時眞時在限西則必遲于視朔之時此其于視朔並以東減西加與近時同惟是眞時之加減有時而大于近時有時而小

于近時則惟以眞時距分爲斷不論東西皆一法也

若眞時距分大于近時距分而在限東則眞時更先于近時在限西則眞時更後于近時是東減西加皆比近時爲大也

若眞時距分小于近時距分而在限東則眞時後于近時在限西則眞時先于近時是東減西加皆比近時爲小也

十二求原爲十三

眞總時何也眞時之午正黃道也故仍以眞時距分加減視朔之總時爲總時即是改視朔午正度爲眞時午正度

近時既改爲眞時即食甚時也然容有未眞故復攷之攷之則必于眞時復求其時差而所以求之之具並無異于近時所異者皆眞時數耳謂日距限限距地高日距地高月高下差兩圈交角等項並從眞時立算是之謂眞

時差

既得眞時差。乃别求眞距度。以相參攷。則食甚定矣。考定眞時全在此處

何以爲眞距度。曰卽眞時距分內應有之月實行也。蓋眞時差。是從眞時逆推至視朔之度。眞時距分內實行是從視朔順推至眞時之度。此二者必相等。故以此攷之。攷之而等。則眞時無誤。故卽命爲食甚定時也。

其或有不等之較分。則以法變爲時分而損益之。于是乎不等者亦歸于相等。是以有距較度分攷定之法也。

距較度分者。距度之較也。損益分者。距時之較也。其比例亦如先得時差度與眞時距分。故可以三率求也。

眞時差大者。其距時亦大。故以益眞時距分。益之則減者益其

減原在限東而眞時早者今乃益早若加者亦益其加原在限西而眞時遲者今則益遲矣。眞時差小者其距時亦小故以損眞時距分損之則減者損其減原在限東而眞時早者今收而稍遲若加者亦損其加原在限西而眞時遲者今收而稍早矣。

如是攷定眞時距分以加減視朔爲眞時即知無誤可謂之攷定食甚時也。

氣差古云南北差準前論月在日內人在地面得見其間空際故月緯降高爲下夫降高爲下則亦降北爲南矣此所以有南北差也南北差生于地勢中國所居在赤道之北北高南下故也然又與高下差異者自天頂言之曰高下自黃道言之曰南北惟在正午則兩者合而爲

一高下差即爲南北差其餘則否

氣差與時差同根故有時差即有氣差而前此諸求但用時差者以食甚之時未定重在求時也今則既有眞時矣當求食分故遂取氣差也時差氣差並至眞時始確

十三求原爲十四

距時交周何也即實朔距眞時之交周行分也故以實朔與眞時相減之較查表數然何以不用視朔曰原算實交周是實朔故也

定交周者何也眞時之月距交度也食甚既定于眞時則一切視差皆以食甚起算故必以實朔交周改爲食甚之交周斯之謂定交周也月食黃緯者食甚時月行陰陽歷實距黃道南北

之緯度也。月視黃緯者。食甚時人所見月距黃道南北緯度。則氣差之所生也。月行白道。日行黃道。惟正交中交二點。月穿黃道而過。正在黃道上而無距緯。其距交前後並有距緯。而每度不同。然有一定之距。是為實緯。實緯因南北差之故。變為視緯。即無一定之距。隨地隨時而異。但其變也。皆變北為南。假如月行陰歷。實緯在黃道北。則與黃道實遠者。視之若近焉。故以氣差減也。若月行陽歷。實緯在黃道南。則與黃道實近者。視之若遠焉。故以氣差加也。至若氣差反大于實緯。則月雖陰歷。其實在黃道北。而視之若在南。故其氣差內減去。在北之實緯。而用其餘數。為在南之視緯也。

并徑減距者何也。并徑所以定食分。減距所以定不食之分也。

距者何也。即視緯也。并徑則日月兩半徑之合數也。假令月行陰歷。其北緯與南北差同。則無視緯可減。而并徑全爲食分。其食必既。其餘則皆有距緯之減。而距大者所減多。其食必淺。距小者所減少。其食必深。是故并徑減餘之大小。即食分之所由深淺也。若距緯大于并徑。則日月不相及。或距緯等于并徑。則日月之體相摩而過。不能相掩。必無食分矣。

并徑內又先減一分。何也。曰太陽之光極大。故人所見之食分。必小於眞食之分。故預減一分也。

然則食一分者。即不入算乎。曰非也。并徑之分。度下分也。每六十分爲一度。一食分之分。太陽全徑之分也。以太陽全徑十平分之。假令太陽全徑三十分。則以三分爲一分。是故并徑所減之一分。於食分只二十餘秒。

問日月兩半徑既時時不同則食分何以定曰半徑雖無定而比例則有定但以并徑減餘與太陽全徑相比則分數覩矣太陽全徑爲十分即用爲法以分并徑減距之餘分定其所食爲十分中幾分有時太陰徑小于太陽則雖兩心正相掩而四面露光歷家謂之金環是其并徑亦小于太陽全徑雖無距緯可減而不得有十分之食故也細草原用表今改用三率其理較明法亦簡易

十四求

日食月行分者何也乃自虧至甚之月行度分也自甚至復同用其法以并徑減二分常爲弦視緯常爲句句弦求股即得自食甚距虧與復之月行度分矣

按此即授時歷開方求定用分之法所異者并徑時時增減與舊法日月視徑常定不變者殊耳

前總時何也即食甚前一小時之午正度也得此午正度即可得諸數以求前一小時之時差謂之前時差前時差與眞時差之差分即視行與實行之差分故以差分加減實行得視行也假如日在限西而前時差大於眞時差是初虧所加多而食甚所加反少也以此求虧至甚之時刻則變而小矣時刻小則行分大故以差分加實行爲視行若日在限西而前時差小於眞時差是初虧所加少而食甚所加漸多也以此求虧至甚之時刻則變而大矣時刻大則行分必小故以差分減實行爲視行日在限東而前時差大於眞時差是初虧所減多而食甚所減漸少也以此求虧至甚之時刻則變而大矣時刻大者行分小故以差分減實行爲視行若日在限東而前時差小於眞時差

是初虧所減少而食甚所減反多也以此求虧至甚之時刻則變而小矣時刻小者行分大故以差分加實行爲視行　食甚定交角滿象限不用差分何也無差分也何以無差分曰差分者時差之較也食甚在限度卽無食甚時差無可相較故初虧徑用前時差復圓徑用後時差又食甚在限度則初虧距限東而前時差恒減復圓距限西而後時差恒加減時差則初虧差而早加時差則復圓差而遲其距食甚之時刻並變而大也時刻大者行分小故皆減實行爲視行　又若初虧復圓時定交角滿象限亦無差分而徑用食甚之時差減實行爲視行與此同法其初虧復圓距食甚之刻分亦皆變大而行分變小也視行之理此爲較著

初虧距時分者初虧距食甚之時刻也用上法得視行爲食甚前一小時之數而初虧原在食甚前則其比例爲視行之與一

小時猶日食月行之與初虧距時故可以三率取之也。日食月行減一義見前條。

既得此初虧距分則以減食甚而得初虧時刻也。

十五求

後總時者卽食甚後一小時之午正度分也。用此午正度得諸數以求後一小時之時差爲後時差。又以後時差與眞時差相較得差分以加減實行爲視行。並同初虧。但加減之法並與初虧相反。

假如日在限西而後時差大于眞時差是食甚所加少而復圓所加多。則甚至復之時刻亦變而大矣。時刻大者行分小故以差分減實行爲視行。

若日在限西而後時差小於眞時差是食甚所加多而復圓所加反少則甚至復之時刻亦變而小矣時刻小者行分大故以差分加實行爲視行。

假如日在限東而後時差大於眞時差是食甚所減少而復圓所減反多則甚至復之時刻變而小矣時刻小者行分大故以差分加實行爲視行。

若日在限東而後時差小于眞時差是食甚所減多而復圓所減少則甚至復之時刻變而大矣時刻大者行分小故以差分減實行爲視行。食甚在限度求視行之理已詳十四求。

復圓距時分三率之理並與初虧同惟復圓原在食甚後故加食甚時刻爲復圓時刻。

十六求

黄道宫度内減宿鈐何也。黄道宫度起冬至。各宿黄道起距星也。凡距星所入宫度。必小于日實度宫度。故以相減之較爲食甚時所入本宿度分也。其每年加五十一秒者。恒星東行之度即古歲差法也。因歲差所加。故有宿鈐在日實度以下而變爲日實度以上。則食甚時所入非其宿矣。故退一宿用之也。其以歲差五十一秒乘距算本年距歷元戊辰之數。各宿並同。雖退一宿所加不異也。

赤道宫度可以升度取者。黄道上升度一定也。若赤道宿度。則不可以升度取。何也。各宿距星多不能正當黄道。而在其南北。各有緯度。故必以弧三角求之爲正法也。

此後原有十七求以算東西異號今省不用何也曰東西異號之算歷書語焉不詳故細草補作之亦有思致但所求者仍爲黄平象限之東西故必復求定交角今於十四求十五求即得定交角爲白道限度之東西簡易直捷可不必更多葛藤矣故省之也

附說補遺

求總時條加減十二時

問求總時與求日距地高二條並以視朔與十二時相加減然後用之而用法不同何也曰求總時條是欲得午正黄道距春分之升度故並從午正後順推如視朔過十二時則內減十二其距視朔之時刻也若視朔不及十二時而用其餘數是從午正後數從先日午正後數其距今視朔之時刻也故其法皆爲順數

日距地高條。是欲得視朔距午正之度。故各從午正前後順推逆數。如視朔滿十二時。去之而用其餘數。是從視朔時逆推其已過午正之刻也。若視朔不滿十二時。則置十二時。以視朔時減之而用其餘數。是從視朔順數其未及午正之刻也。其視朔滿十二時減去之。兩法並同。惟視朔不滿十二時。用法則異。

附又法

問視朔在午前。若用減十二時法。亦可以得總時乎。曰可。其法亦如求日距地高。置十二時。以視朔時減之。求到視朔未至午之刻。去減日實度距春分時刻。即九十度表第二行對日實度之時刻。亦即得總時。與上法同。此法可免加滿二十四時去之。然遇日實度距春分時刻不及減。又當加二十四時。然後可減矣。假如日實度是春分後。相距只一時。而視朔在午正前三時。是爲日實度小。不及減。法當以日實度加二十四時。作二十五時。減去三時。餘二十二時爲總時

定交角或問

問定交角滿象限以上反其加減何也。曰此變例也。西歷西加東減。並以黃道九十度限爲宗。今用定交角。則是以白道九十度限爲宗。而加減因之變矣。問白道亦有九十度限乎。歷書何以未言。曰歷書雖未言。然以大圈相交割之理徵之。則宜有之矣。何則月行白道。亦分十二宮。觀月緯表可見。則亦爲大圈。其交於地平也。亦半周在地平上。則其折半之處。必爲白道最高之處。而亦可名之爲九十度限矣。或可名白道限度。若從天頂作高弧過此度。以至地平。則成十字正角。而其圈必上過白道之極。成白道經圈。與黃平象限同。黃平象限上十字經圈。串天頂與黃道極。故亦成黃道經圈。與此同理。月在此度。即無東西差。而南北差最大。與高下差等。前論月在黃平象限無東西差。而郎以高下差爲南北差。其理正是如此。但月行白道。當以白道爲主。而論其東西南北。始爲親切。若月在此度以東則差而早。宜有減差。在此度以西則差而遲。宜有加差。但其加減有時而與黄平象限同。有時而與黄平限異。故有反其加減之用也。

問如是。則白道亦有極矣。極在何所。曰白道有經有緯。凡東西差皆白道經度。南北差皆白道緯度。則亦有南北二極爲其經緯之所宗。但其極與黄極恒相距五度以爲定緯。雖亦有小小增減。而大致不變。其經度則歲歲遷動。至滿二百四十九交而徧於黄道之十二宫。則又復其始。其約數。十九年有奇。法當以黄極爲心。左右各以五緯度爲半徑。作一小圓。以爲載白道極之圈。再以正交中交所在宫度折半取中。即于此度作十字經圈。必串白道極與黄道極矣。則此圈之割小圓點即白道極也。問何以知此圈能過黃白兩極也。曰此圈于黃道白道並作十字正角故也。凡大圈上作十字圈。必過其極。

問此圈能串兩極則限度常在此度乎。曰不然也。此度能串黃白兩極。而未必其串天頂。如黃道上極至交圈也。若限度則必串天頂以過白極。而未必其過黃極。如黃道上之黃平限也。是故白道上度處處可為限度。亦如黃道上度處處可為黃平限。但今在地平上之白道半周某度最高。即其兩邊距地平各一象限。從此度作十字經圈。必過天頂而串白道之兩極。何也。此圈過地平處亦皆十字角。即與地平經圈合而為一。所謂月高下差即在此圈之上矣。惟白道半交為限度。能與黃平限同度。此外則否。況近交乎。故必用定交角也以定交角推白道限度

白道限度大約在黄道交角之八十五度。定交角至此滿象限。過此則有異號。

若太陰定交周是〇宫十一宫而黄平限在午正之東。乃白道限度則更在其東。而原以限東宜減者。今或以定交角大而變爲限西宜加矣。

若定交周是五宫六宫。而黄平限在午正西。白道限度必更在其西。而原以限西宜加者。今或以定交角大而變爲限東宜減矣。

以上二宗。並離午正。益遠交食。遇此。則古法益疎。而新法猶近。

若定交周是〇宫十一宫。而黄平限在午正西。乃白道限度或尚在其東。而原以限東宜減者。今以定交角大而變爲限西宜加矣。

若定交周是五宮六宮。而黃平限在午正東。乃白道限度或尚在其西。而原以限西宜加者。今以定交角大而變為限東宜減矣。

以上二宗。並離黃平限而近午正。交食遇此。則有時古法反親。而新法反疎。若白道限度徑在午正。則古法密合矣。

由是觀之。加減東西差宜論白道明甚。歷書略不言及。豈非缺陷之一大端。

問定交角者。所以變黃道交角為白道交角也。然何以不先求白道限度。曰交角者生於限度者也。交角變則限度移矣。故先得限度。可以知交角。交角之向指。以距限東西而異。交角之大小。以距限遠近而殊。而既得交角亦可以知限度。故不必復求限度也。

其加減以五度何也。曰取整數也。古歷測黃白大距爲六度。（以西度通之。得五度五十四分奇。）西歷所測只五度奇而至於朔望又只四度五十八分半。今論交角。故祇用整數也。（若用弧三角法。求白道限度所在。及其距地之高。並可得交角細數。然所差不多。蓋算交食必在朔望。又必在交前交後故也。）

問五度加減後。何以有異號不異號之殊。曰近交時。白道與黃道低昂異勢者也。（惟月在半交。能與黃道平行。亦如二至黃道之與赤道平行也。若交前交後。斜穿黃道而過。不能與黃道平行。亦如二分黃道之斜過赤道也。故低昂異勢。）然又有順逆之分。而加減殊焉。其白道斜行之勢。與黃道相順者則恒減。減惟一法。（減者角損而小也。雖改其度。不變其向。）若白道與黃道相逆者則恒加。加多變。遂有異號之用矣。（加者角增而大也。增之極。或滿象限。或象限以上。遂至改向。）

是故限西黃道皆西下而東高。限東黃道皆西高而東下。此黃道低昂之勢，因黃平象限而異者也。而白道正交，宮十一宮也，卽古法之中交。自黃道南而出于其北，亦爲西下而東高。黃道半周在地平上者，偏于天頂之南，以南爲下，北爲上。正交白道自南而北，如先在黃道之下，而出于其上，故比之黃道爲西下而東高也。白道中交，五宮六宮也，卽古法之中交。自黃道北而出於其南，亦爲西高而東下。白道自北而南，如先在黃道之上，而出于其下，故比之黃道爲西高而東下也。

假如日食正交而在限西，日食中交而在限東，是爲相順。相順者，率于交角減五度爲定交角，是角變而小矣。角愈小者，東西差愈大，故低昂之勢增甚，而其向不易也。限西黃道，本西下東高，而正交白道，又比黃道爲西下東高，則向西之角度變小，而差西度增大，其時刻遲者益遲矣。限東黃道，本西高東下，而中交白道，又比黃道爲西高東下，則向東之角度變小，而差東之度增大，其時刻早者益早矣。是東西之向不易，而且增其勢也。

假如日食正交而在限東日食中交而在限西是爲相逆相逆者。率於交角加五度爲定交角是角變而大矣角愈大者東西差愈小故低昂之勢漸平而甚或至于異向也。限東黄道。本西高東下。而正交白道。比黄道爲西下東高。則向東之角漸大而差東度改小。時刻差早者亦漸平。若加滿象限。則無時差。乃至滿象限以上。則向東者改而向西。時刻宜早者反差遲矣。限西黄道。本西下東高。而中交白道爲西高東下。則向西之角漸大而差西度改小。時刻差遲者亦漸平。若加滿象限。則無時差。乃至滿象限以上。則向西者改而向東。而時刻宜遲者。反差而早矣。

凡東西差爲見食甚早晚之根。如上所論定交角所生之差與黄道交角無一同者。則欲定眞時刻非定交角不可也。若但論黄道交角時刻不眞矣。

凡東西差與南北差互相爲消長。而南北差即食分多少之根。如上所論則欲定食分非定交角不能也。但論黄道交角食分亦悮矣。

差分有用併之理

問差分本以兩時差相較而得。十四求巳有備論。今乃有用併之法何也曰異號故也此其白道限度必在兩食限之間。或限度在甚與復兩限之間。則食甚在限東而復圓限西或限度在虧與甚之間。則食甚在限西而初虧限東。兩食限一距限東一距限西其兩時差必一爲減號一爲加號是爲東西異號無可相較故惟有相併之用也。

乃若定交角大於象限則先爲同號而變爲異號。其食甚必在黃平限及白道限度之間。食甚在黃平限西。白道限度東。則先推食甚復圓同號者變爲異號矣。食甚在黃平限東白道限度西。則先推食甚初虧同號者變爲異號矣。兩食限既變爲東西異號則其兩時差亦一加一減。變爲相併矣。

問異號恒相併固也乃復有定交角過九十度而仍用相較爲差分者何也曰此異號變爲同號也其黄平限必在兩食限之間而白道限度或反在食限之外則能變異號爲同號假令黄平限在復與甚之間甚距限東復距限西本異號也而復圓之定交角過象限則白道限度必又在復圓之西而先推黄平限復圓在西者今推白道限度復圓在限東即復圓食甚變爲同號矣又如黄平限在虧與甚之間甚距限東甚距限西本異號也而初虧之定交角過象限則白道限度必又在初虧之東而先推黄平限初虧在東者今推白道限度初虧在限西即初虧食甚變爲同號矣

又如前論食甚在黄平限及白道限度之間能變同號爲異號即亦能變異號爲同號準前論食甚在黄平限西白道限度東能變食甚與復圓異號則先推食甚與初虧異號者今反同號矣若食甚在黄平限東白道限度西能變食甚與初虧異號則先推食甚與復圓異號者今反同號矣

凡此之類變態非一皆於定交角取之故可以不用十七求也

相併爲差分者並減實行爲視行之理。

問用差分取視行。有減實行加實行之異。而相併爲差分者一例用減。何也。曰凡相較爲差分者。有前小後大前大後小之殊。故其於實行有減有加。解見前條。減者常法。加者變例也。凡減實行爲視行者。在限東者益差而東。在限西者益差而西。食限中如此者多。故爲常法。若加實行爲視行者。限東者反損其差東之度。在西者反損其差西之度。乃偶一有之。故爲變例。若相減爲差分者。不論前後之大小。總成一差。故於實行有減無加。只用常法也。十四求附說。論食甚初虧復圓三限定交角滿象限。並用時差減實行。與此同理。蓋彼以無可相較。故徑用一時差。此則雖有兩時差。不以相較而且以相益。故其時刻並變大而行分變小。故皆減實行爲視行也。

日食三差圖

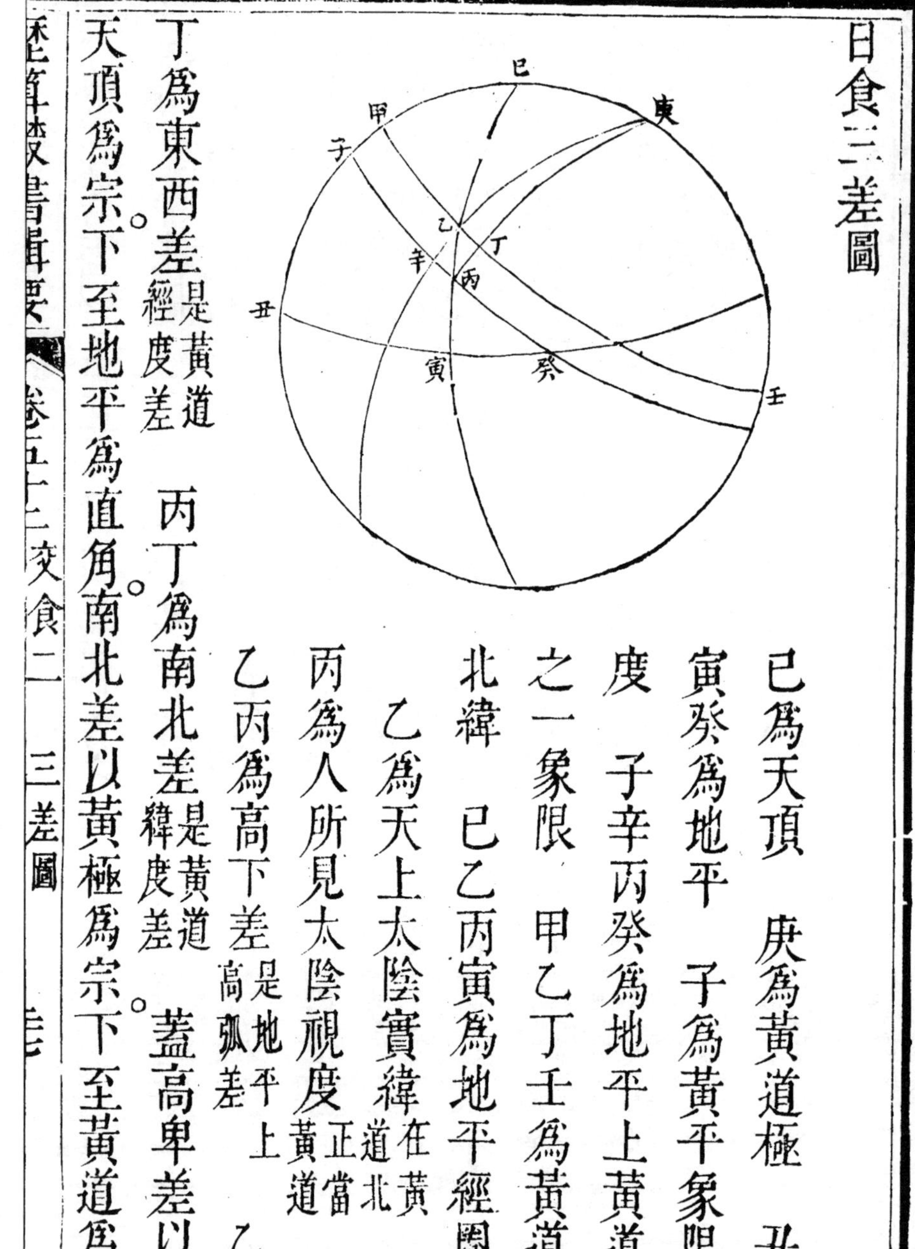

巳爲天頂　庚爲黃道極　丑寅癸爲地平　子爲黃平象限度　子辛丙癸爲地平上黃道之一象限　甲乙丁壬爲黃道北緯　巳乙丙寅爲地平經圈　乙爲天上太陰實緯在黃道北　丙爲人所見太陰視度正當黃道　乙丙爲高下差是地平上高弧差　乙丁爲東西差是黃道經度差　丙丁爲南北差是黃道緯度差　蓋高卑差以天頂爲宗。下至地平爲直角。南北差以黃極爲宗。下至黃道爲

直角東西差以中限爲宗下至黃極爲直角而其根皆生於地面與地心不同視之故也

三差圖一

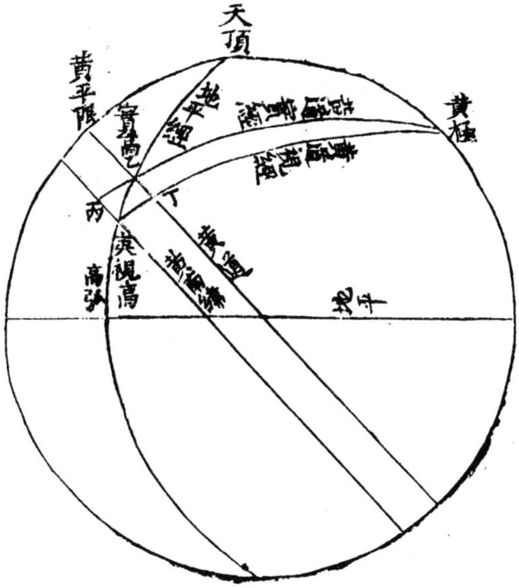

設太陰實高在乙視高在庚高弧上乙庚之距爲高下差

從黃極出經綫至太陰實度乙又從黃極出經綫至視度庚必過丁黃道上乙丁之距爲東西差

實度乙正當黃道視度庚在黃道南其距丁庚緯度

三差圖二

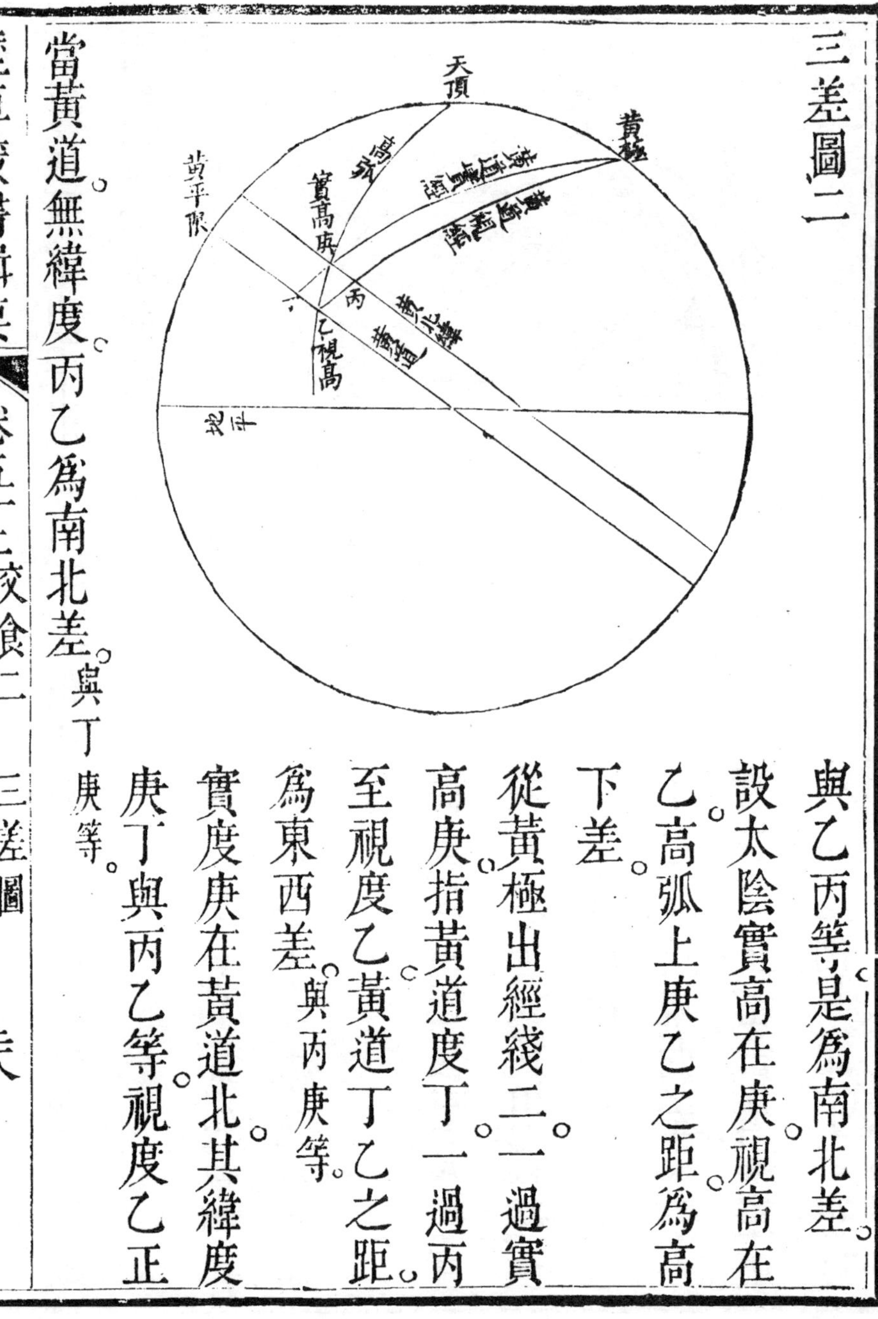

與乙丙等。是爲南北差。設太陰實高在庚。視高在乙。高弧上庚乙之距爲高下差。

從黃極出經綫二。一過實高庚。指黃道度丁。一過丙至視度乙。黃道丁乙之距爲東西差。與丙庚等。實度庚在黃道北。其緯度庚丁與丙乙等。視度乙正當黃道。無緯度。丙乙爲南北差。與丁庚等。

三差圖三

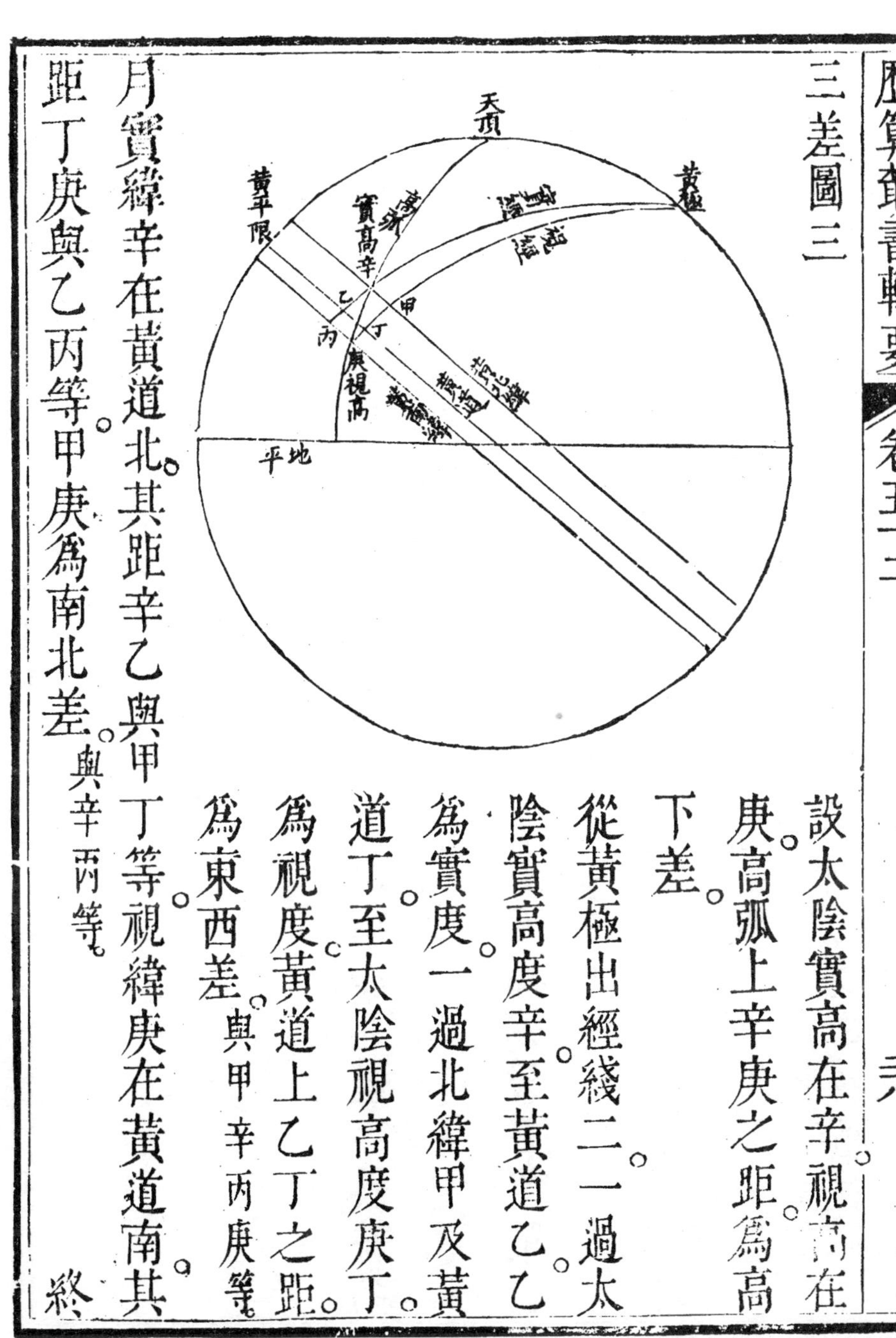

設太陰實高在辛。視高在庚。高弧上辛庚之距。爲高下差。

從黃極出經綫二。一過太陰實高度辛至黃道乙。乙爲實度。一過北緯甲及黃道丁至太陰視高度庚。丁爲視度。黃道上乙丁之距。爲東西差。與甲辛丙庚等。

月實緯辛在黃道北。其距辛乙與甲丁等。視緯庚在黃道南。其距丁庚。與乙丙等。甲庚爲南北差。與辛丙等。

終

歷算叢書輯要卷五十三

交食三

月食蒙求

一求諸平行

首朔根　查二百恒年表本年下首朔等五種年根。并紀日錄之。

朔策望策　用十三月表以所求某月五種朔策并望策之數。錄于各年根之下。

平望　以首朔日時與朔策望策并紀日并之。滿二十四時。進一日。滿六十日去之。

太陽平引　以太陽引根與朔策望策并之。滿十二宫去之。後並同。

太陰平引　以太陰引根。與朔策望策并之。

交周平行　以交周度根與朔策望策并之。隨視其宫度以辨食限。○宫○六宫十五度以内五宫十一宫十五度以外以上宫度俱有食。

太陽經平行　以太陽經度根與朔望二策并之。

二求日月相距

日定均　以太陽平引宫度查一卷加減表。如平引滿三十分進一度查之。記加減號。

月定均　以太陰平引宫度查一卷加減表。如平引滿三

距弧

距時

十分。進一度查之。記加減號。

以日月定均同號相減。異號相併。卽得。

以距弧度分于四行時表月距日橫行內查得相當或近小數。以減距弧。得時。視相當近小數本行上。頂格所書時數錄之。卽是。其餘數再如法查取得時之分秒。依上法。用相當近小數取之。并所查數卽爲距時。

隨定其加減號。

兩均同加者。日大則加。日小則減。

兩均同減者。日大則減。日小則加。

兩均一加一減者。加減從日。

三求實引

日引弧　以距時時及分查四行時表。太陽平行兩數并之。依距時加減號。

日實引　置太陽平引。以日引弧加減之。即得。

月引弧　查四行時表。取距時時分下太陰平行兩數。并之。依距時加減號。

月實引　置太陰平引。以月引弧加減之。即得。

四復求日月相距

日實均　以日實引宮度。查一卷加減表。如實引滿三十分進一度查之。記加減號。

月實均　以月食引宮度查一卷加減表。如實引滿三十分進一度查之。記加減號。

實距弧　以日月實均同減異加。即得。

實距時　以實距弧度分查四行時表。與前距時同。加減號亦同前。

五求實望

實望　置平望。以實距時加減之。即得。如加滿二十四時。則進一日。不及減。借二十四時減之。則實望退一日。

六求實交周

交周距弧　查四行時表。實距時時分下交周平行兩數并之。即得。依實距時加減號。

交周次平行　置交周平行。以交周距弧加減之。即得。凡加者。滿三十度進一宮。滿十二宮去之。爲○宮。減者。遇所減度數反小。則加三十度。退一宮減之。○宮度不及減則加十二宮。然後減之。

置月實均記加減號。以加減交周。次平行。即得。

實交周

七求月距黃緯

月距黃緯　以實交周查太陰距度表。依中比例法求之。

假如實交周十一宮十九度十四分。先以十九度查得五十六分五十三秒。又以十九度與二十度之數相減。得較五分。〇七秒。化作三百〇七秒。與實交周小餘十四分相乘。用六十分爲法除之。得七十一秒。收作一分十一秒。以減十九度之數。得五十五分四十二秒。即月距緯。其緯在南。

中比例加減法。　視表上數前少後多者加。前多後少者減。

又法　視表上宫名在上者，以所得中比例數加。○宫六宫是也。　表上宫名在下者，以所得中比例數減。五宫十一宫是也。

辨交食月緯南北法。

視實交周是六宫十一　五宫其緯在北。南。

八求徑距較數

月半徑　以月實引查二卷視半徑表，即得。

影半徑　月半徑下層即景半徑。

景差　以日實引加減六宫查視半徑表，即得。

實景　景半徑内減去景差，即實景。

并徑　以實景加月半徑，即得。

并徑減距　置并徑以月距緯減之即得。如距緯大於并徑不及減則不得食矣。

九求食分

食分　以月半徑倍之爲一率。并徑減距爲二率。月食十分爲三率。二三相乘一率除之即得食分。

十求纏離實度

日距弧　以實距時時分查四行時表太陽平行兩數并之即得。（依實距時加減號。）

日次平行　置太陽經平行以日距弧加減之即得。

日實度　置日實均（記加減號）以加減日次平行即得。

月實度　以日實度加減六宮即月實度。（記寫宮名。）

十一求視望

加減時　以日食度查一卷加減時表即得。記加減號。

視望　置實望以加減時加減之即得。

十二求所食時刻

月實行　以月實引查二卷太陰實行表得之。實行表三度一查。假如某宫一度二度。俱在○度下查。若四度五度。俱在三度下查。餘倣此。

初虧距弧　以距緯加并徑與并徑減距相乘平方開之即得。

初虧距時分　置距弧用三率法化時即得。

食既距弧　實景內減去月半徑餘數與距緯相加爲和相減爲較和較相乘平方開之即得。

食既距時分　置距弧用三率法化時。即得。

三率法

月實行化秒爲一率。六十分爲二率。初虧食既距弧化秒爲三率。求得初虧食既距時分爲四率。

初虧時刻　置視望以初虧時分減之。即初虧時刻。

復圓時刻　置視望以初虧距時分加之。即復圓時刻。

食限總時　復圓時刻內減去初虧時刻。即總時。

食既時刻　置視望以食既距時分減之。即食既時刻。

生光時刻　置視望以食既距時分加之。即生光時刻。

既限總時　生光時刻內減去食既時刻。即得。

十三求宿度

黃道宿

以黃道距宿鈐減月實度。即得。記寫宿名。其宿鈐每年加歲差行五十一秒。如實度小於宿鈐。不及減。改前宿

赤道宮度

以月實度用弧三角求之。即得。記寫宮名。

赤道宿度

求赤道經緯弧三角法。見日食蒙求。下同。

以所入宿黃道經緯。加過歲差之宮度爲經。其緯用恒星表取之。用弧三角法求到本宿赤道經度。以減月赤道度。得食甚時赤道宿度。如不及減。取前一宿如法用之。

十四求各限地平經緯

各限交周

置實交周。以初虧食既距弧加減之。得各限交周。以查月距度表。得各限月緯。

黄白差角

定爲四度五十九分。此朔望交角也。各限有微差可以不論。

視實交周

是○宮十一宮上方差角在黄經度西。

是五宮六宮上方差角在黄經度東。

黄赤差角

用月實度入極圈交角表取其餘度卽得。

視月實度

是○一二三四五宮上方差角在赤經度西。

是六七八九十十一宮上方差角在赤經度東。

月赤道差

以所推黄白黄赤兩差角東西同號者相併異號者相減卽得。記東西號。其異號以小減大並以度之大者爲主命其東西。

以上所推食甚時差角各限同用。各限亦有微差可以勿論。

距午度分

置各限時刻如在子後者卽爲距午時。此從午正順數。

如食在子前者，置二十四時，以各限時刻減之，餘爲距午時。此從午正逆推。再以時變爲度，即得各限太陰距午度分。

時變度法　每一時變十五度，每時下一分變度下十五分，時下四秒成一度，時下一秒變度下十五秒，時下四秒成一分，秒滿六十收爲分，分滿六十收爲度。

各限高度即地平緯

以極距天頂爲一邊，月實度距北極爲一邊，以黄赤距度南加北減象限得之。二邊相加爲總，相減爲存，存總各取餘弦相加減。總弧不過象限相加，若存弧亦過象限，則仍相減。總弧過象限相減，並折半爲初數。各限同用。乃以各限距午度取其矢（距午度過象限則用大矢）。以乘初數。去末五位。爲矢較。用加存弧矢。得對弧矢。矢減半徑。得餘弦。命爲高度正弦。查表得高度。（所得對弧。即月距天頂。乃高度之餘。故其餘弦。即高度正弦。）

一率（半徑）　二率（角之矢）　三率（初數）　四率（兩矢較）

各限方向（即地平經）以極距天頂爲一邊。月距天頂爲一邊。（高度之餘。）二邊相加爲總。相減爲存。存總各取餘弦。相加減。（並如高度法。）如法取初數。（各限不同。）乃以月距北極爲對弧。取其矢。（月在赤道南。用大矢。）與存弧矢相減。爲矢較。進五位爲實。初數爲法。實如法而一。得所求矢。（即地平經度。皆子午規所作天頂角度分之大小矢。）矢與半徑相減。得餘弦。

查其度命爲月距正子午方地平經度。凡正矢。去減半徑。得鋭角餘弦。其度子後食者逆推。子前食者順數。並距正子方立算。大矢內減半徑得鈍角餘弦。其度子後食者順數。子前食者逆數。並距正午方立算。即得各限月在地平上方位。

一率初數　二率兩矢較　三率半徑　四率角之矢

地經方位度分鈐鋭角用本度。鈍角用外角度。並以餘弦查表取之。

餘弦度分		七度半	二十二度半	三十七度半	五十二半	六十七半	八十二半
鋭角起子	順	癸	丑	艮	寅	甲	卯
	逆	壬	亥	乾	戌	辛	酉
鈍角起午	順	丁	未	坤	申	庚	酉
	逆	丙	巳	巽	辰	乙	卯

地經赤道差　以月距北極爲一邊。月距天頂爲一邊。二邊相

加爲總相減爲存存總各以餘弦相加減如前法取初數各限不同以天頂距北極爲對邊取其矢限各同用與存弧矢相減得矢較進五位爲實初數爲法實如法而一得差角矢從北極作赤道經圈過月心又從天頂作高弧過月心得此差角矢減半徑得餘弦命度記東西號

在子前者差角在高弧東

在子後者差角在高弧西

並差而北

視各限時刻

地經白道差

置所推地經赤道差以月赤道差加減之東西同號者相併異號者相減即得各限白道經度差于地經高弧之數記東西號若月赤道差大于地經赤道差法當反減其號東西互易並以月赤道差之號命其

東西。月食有初虧子前復圓子後者。各依本限論之。各限時刻在子前。用子前法。在子後。用子後法。此綫所指卽月行白道之極。猶赤經綫之指北極。

訂補月食繪圖法

赤經主綫

總圖。先作立綫以象赤道經。此綫上指北極。下指南極。綫左爲東。綫右爲西。爲作圖主綫。

闇虛食限

主綫上取一點爲心。地景半徑爲度。作圓形以象闇虛。又以闇虛心爲心。併徑景半徑月半徑相加爲度。作大圓于闇虛之外。是爲食限。又徑較爲度景半徑月半徑相減。作小圓于闇虛之內。是爲旣限。

黃道交角

以月實度入極圈交角表取之。命爲食甚時黃道與赤經所作之角。

黃道綫

依黃道交角度分作角於主綫左右。皆自主綫起算數食限上度分作識。向闇虛心作直綫。令兩端透出。卽上下各成相對二角。並如黃道交赤道之角。而此綫象黃道。

視月食度

是〇一二三四五宮黃道左昂右低。上下方角度在左右

是六七八九十十一宮黃道左低右昂。上下方角度在右左

凡上方角度。右順左逆下方角度。左順右逆並自主綫起算數食限大圓周度分作識。從此作過心直綫至對邊。則角度皆等。

白道經度

依所推月赤道差角。于赤經左右數其度。亦借圓邊數之。其左右如先所推作識。嚮圓心作直綫而透出之卽

白道

食甚時白道經綫。

虧復各取月緯於黃道上下作兩平行虛綫。陽歷用南緯。此二平行綫作于黃道下方。陰歷用北緯。作兩平行綫于黃道上方。虛綫兩端。必與食限大圓相遇而各成一點。依法各取其合用之點聯爲一直綫。卽自虧至復所行白道也。交前先遠後近。以遠點爲初虧。近點爲復圓。交後先近後遠。以近點爲初虧。遠點爲復圓。初虧點在西。復圓點在東。陰陽歷並同一法。

白道綫與經綫相遇成十字角。十字中心一點。卽食甚時月心所到也。以月半徑爲度。從心作圓形。以象食甚時月體。卽見其爲闇虛所掩分數。與所推月食分秒相符。法以月體勻分十分。卽見此時月入闇虛若干分數。或全在其中。而爲食既。或深入其中。而食既外尚有餘分。一一皆可見。

又此時月心與闇虛心正對。其相距之分。即食甚時月緯。與所推亦合。

又以白道割外圓之點。各爲心。月半徑爲度。作小圓二。以象初虧復圓時月體。即見初虧時月以邊漸入闇虛。復圓時月體全出闇虛。其先缺後盈之點。皆有定在。

虧復眞象

若食既者。白道必橫過內圓。即既限。亦相割成兩點。即食既生光時月心所到也。兩點各爲心。月半徑爲度。作圓形二。以象食既生光時月體。即見食既時月體全入闇虛。而光盡失。生光時月

食既生光

體漸出闇虚而光欲吐其欲既未既欲吐未吐之時月體必有一點正切闇虚之邊皆有定處不必求虧復月緯但以月距黄緯於白道經綫作識陰歷在北陽歷在南並距闇虚心立算爲食甚月心所到從此作横綫與經綫十字相交即成白道上餘同

右總圖以上爲北下爲南左爲東右爲西中西歷法所同也若月食子正即赤道經與午規爲一而所測如圖然各限時刻不同假如初虧子正復圓必在子後若復圓子正初虧必在子前相距有十二三刻以上化爲度有相距三四十度以上則經綫午規相離而南北東西易位食近卯酉變態尤多非精于測算不能明也故有後法

取白道簡法

新增月食分圖法

高弧主綫

作立綫以象高弧。上指天頂。下指地平。不論東西南北在何方位並以天頂為宗直指其上下左右是為各限繪圖之主綫。

白道綫

主綫上取一點為心。規作月體。並以所推月半徑度分為半徑。其周分三百六十度。月邊上方數所推各限地經白道差之度作識。差東者逆數向左。差西者順數向右。並從主綫上方割圓周處起算。從此作過心直綫即白道經綫也。于月心作橫綫。與白道經綫十字相交以象白道。

十分眞像

白道經綫上。於月心起算。取月距黃緯作識。陰歷作識于月心之下方。陽歷作識于月心之上方。並如月距黃緯度分。以月半徑之度準之。即闇虛心也。月距黃緯，即食甚時兩心之距。闇虛心爲心，實景半徑爲度，作圓分于月體，即見食甚時月入闇虛被掩失光晦明邊際了了分明

受蝕處所

視月邊所缺若干度分。在月全周三百六十度中虧若干。其與白道經緯相割處，必正對闇虛。即缺邊度折半取中之點。即舊法所謂月食方位也。此點或在月體之上，或在月體之下，與其左右，一一可指。其餘光若新月，或大或小，必皆曲抱此點，而斜側仰俯，皆可豫定其形。算缺邊度法別具。若食既者，不用此條。

食之深淺

又以月體全徑分爲十分。于白道經緯上分之。即見食甚時虧食深淺，或被食若干分數，而有餘光，或全

入闇虛月光全失而爲食既。即食十分。或深入闇虛。而食既之外尚有餘分即食十一二分以上至十六七分不等。並絲毫不爽。

初虧復圓

如法作圭綫。及月體白道。並如食甚。乃于白道上自月心取初虧距弧之度作識。初虧于月心之左。復圓于月心之右。即食甚時月心所到。從此作垂綫截如月距黃緯之度。陽歷向上作之陰歷向下作之。即食甚時兩心之距。垂綫末爲闇虛心從闇虛心作直綫至月心。必割月邊。此點即初虧復圓時先缺後盈之點。在初虧則此處先缺。在復圓則此處後盈。並可以月體之上下左右命之。又捷法。于初虧距弧作識處。以月距黃緯爲度。依上下之向。作弧分虛綫。于月心以併徑爲度。亦作弧分虛綫。兩虛綫交處。即闇虛心。從闇虛心作虛直綫。割月邊至月心。卽于割點作識。命爲先缺後盈之點。可不作垂綫直綫。若以實景半徑爲度。從闇虛心向月邊作半圓。以象闇虛。其邊與月邊相切。卽先缺後盈之像。益復分明。

食既生光

立主綫。繪月體。取白道經綫。作白道。並如初虧復圓。白道上以食既距弧度作識。食既于月心之左。生光于月心之右。並自月心起算。與虧復同。從此作垂綫尋闇虛心。陽歷向上。陰歷向下。並如月距黃緯之度。亦同虧復。作直綫自闇虛心過月心至邊。卽食既生光時後入先出之點。欲既未既時。此處有餘光後沒。光欲生時。此處有微光先吐。于月體之上下左右皆有定處。捷法。以月距黃緯。于食既距弧作識處。依陰陽歷之向。作虛弧。又以徑較爲度。自月心依左右之向。作虛弧。兩虛弧交處。卽闇虛心。從闇虛心作直虛綫過月心至邊。卽食既時後沒。生光時先見之點。若以實景半徑。從闇虛心作半圓。以包月體。即見食既時月體全入闇虛。生光時月體將出闇虛。而各有二邊相切之一點。若闇虛半徑稍縮其度。則食既時後沒餘光。生光時微光先吐。皆了然可見。

月帶食法

辨月有帶食

月食子後者。視復圓時刻。若在日出後。月食子前者。視初虧時刻。若在日入前。是有帶食也。若日出入時刻與食甚相同者。不用布算。即以所推食分為帶食分。諸限時刻有與日出入同者。亦然。皆不必推帶食。

帶食距時

帶食在朝者。以日出時刻。在暮者。以日入時刻。

並與食甚時刻相減，餘即爲帶食距時。法同日食。初虧距時化秒爲法，初虧距弧化秒與帶食距時化秒相乘爲實，實如法而一，得數爲帶食距弧。秒滿六十收爲分。

帶食距弧

帶食距心徑

以帶食距弧、月距黄緯各自乘，兩數相併，平方開之，得數爲帶食距心徑。法實俱化秒，得數收分。

帶食分秒

月全徑化秒爲一率，月食十分化秒爲二率，置併徑內減帶食距心徑，餘數化秒爲三率，求得四率，即月出入時帶食分秒。秒滿六十收分。凡帶食分必小于食分。食既者，帶食必不滿十分。若滿十分，爲帶食既出入，其減餘必大于月全徑。

一法：置帶食距心徑，內減徑較，月半徑、影半徑之較。餘數化秒爲三率。如上法求之。得未食餘光分秒。以轉減月食十分。爲帶食分秒。如帶食距心徑。小于徑較。不及減者。爲帶食既出入。其帶食距時。必小于食既距時。

辨食分進退

凡月出入時刻。卽日出入時刻。在食甚前。其所帶食分爲進。帶食在朝者。爲但見初虧。不見食甚復圓。在暮者。爲不見初虧。但見食甚及復圓。若食既者。在朝爲見初虧。不見食既。或見食既。而必不見生光復圓。在暮爲不見初虧。但見食既。或并不見食既。而但見生光復圓。

若月出入時刻在食甚後。其所帶食分爲退。在朝爲見初虧食甚。不見復圓。在暮爲不見虧與甚。但見復圓。若食既者。在朝爲但見初虧食既食甚生光。不見復圓。或并不見生光。在暮爲不見初虧食既食甚生光。但見復圓。或并可見生光。

帶食作圖法

總圖

以帶食距心徑爲半徑，閽虛心爲心，作圓周。取其與白道橫綫相割點，爲月出入時月心所到。用此爲心，如法作圓，以象出入地平時月體。即見其時月體有若干分秒在閽虛內，與所算帶食分相符。圓周割白道必有二點，當以帶食分進退詳其左右。如法取之。

視帶食分

是方進者，時刻在食甚前。當作圖于右方。取右點爲月心。

是已退者，時刻在食甚後。當作圖于左方。取左點爲月心。

分圖

如法先求月出入時地經白道差。

法曰：以黃赤距度用月實度取之。取餘弦，即存弧餘弦，又即總弧餘弦。命爲初數。總存兩餘弦同數故也。以極出地度正弦減半徑，命爲對弧矢。即極距天頂之矢。以黃赤距度取矢即存弧矢。二矢度相減得較數。進五位為實。初數為法。法除實得差角矢。矢減半徑得餘弦。以餘弦查表得度。即月出入時地經赤道差。帶食在朝者。差角在西。若在暮者。差角在東。

捷法

以黃赤距度之餘弦內減極出地之正弦。得餘數。進五位為實。仍以黃赤距度之餘弦為法除之。得差角矢。

若月實度正與二分同度。即以極距天頂度分命為地經赤道差。不須布算。

凡各限時刻有與日出入同者。並可依此法求其地經赤道差角。

置地經赤道差。以各限同用之月赤道差加減

之。東西同號者加。異號者減。即月出入時地經白道差。記東西號。次作高弧主綫。如各限法。規作月體于圓邊數地經白道差之度作識。依白道差東西之號。並自高弧上方交月邊處起算。差東者逆而向左。差西者順而向右。從此作過心直綫以象白道經綫。又于月心作十字橫綫以象白道。其法並同各限。白道上以帶食距弧爲度作識。即食甚月心所到也。帶食分進者。此點在月體左方。退者在月體右方。從此作垂綫。陽歷作垂綫向上。陰歷作垂綫向下。截其長如月距黃緯之度。即闇虛心所在。從此向月心作直綫至對邊。此即月出入時。月與闇虛兩心相對之徑綫。乃分月體爲十勻分。即于徑綫上分之。末以闇虛心爲心。實景半徑爲度。作圓分于月體內。即見月體在闇虛內有幾何分。與所推帶食分秒相符。其餘光若新月者偃仰從横、皆如所見矣。

康熙五十七年戊戌二月十五甲午日夜子初二刻八分望月
食分秒起復時刻方位　依歷書本法
月食十七分三十一秒
初虧　亥初二刻十三分
食既　亥正三刻
食甚　夜子初二刻八分
生光　十六日子正二刻一分
復圓　丑初二刻三分
食限内共計十五刻五分
既限内七刻八分
食甚月離黄道鶉尾宫二十五度五十三分。爲翼宿六度。

食甚月離赤道鶉尾宫二十六度一十四分。為翼宿十四度二十八分。

以上諸數並主京師立算。江南省月食分秒宿度並同。惟各限時刻加八分。

月食五限全圖

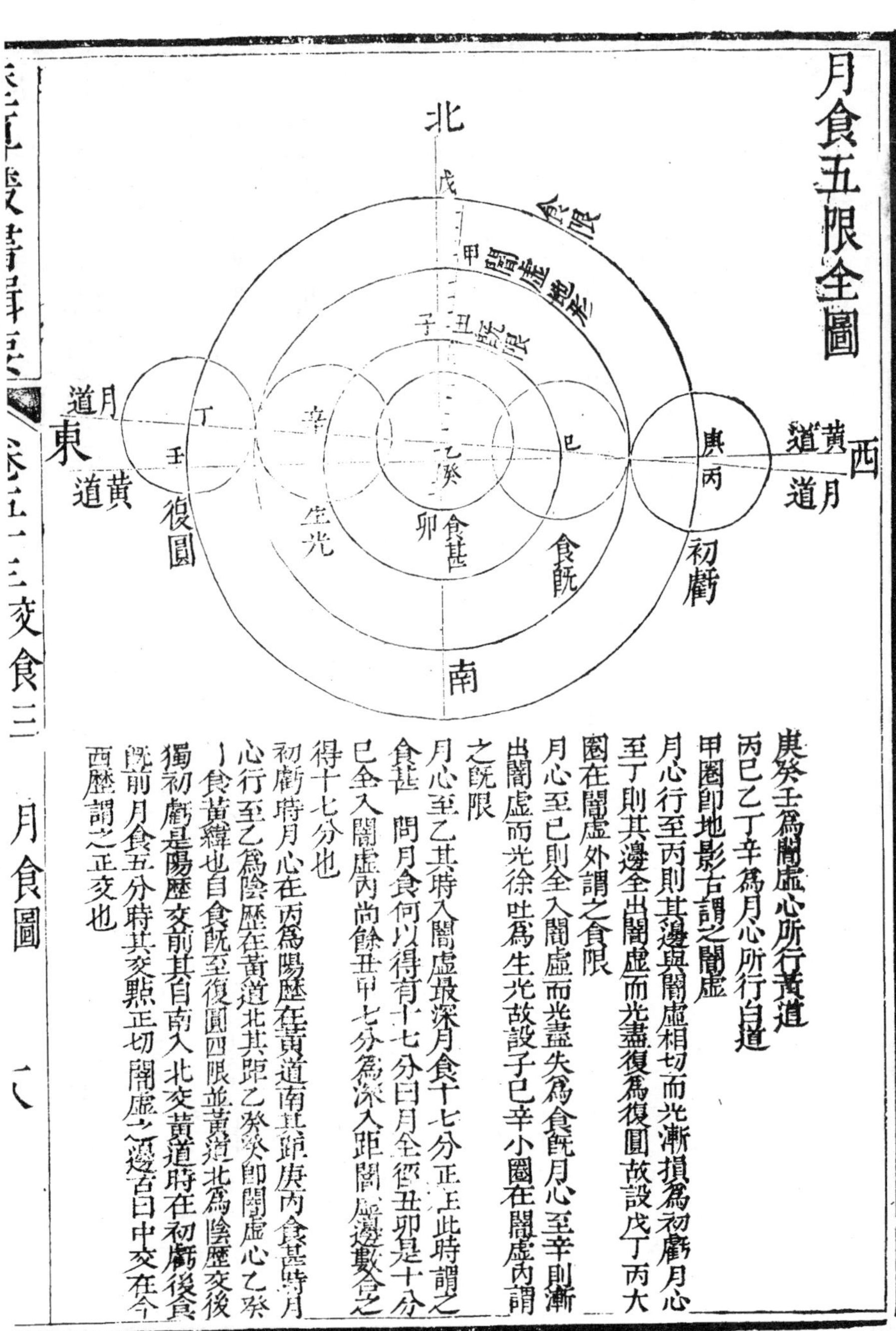

庚癸壬爲闇虛心所行黃道

丙巳乙丁辛爲月心所行白道

甲圈即地影古謂之闇虛

月心行至丙則其邊與闇虛相切而光漸損爲初虧月心至丁則其邊全出闇虛而光盡復爲復圓故設戊丁丙大圈在闇虛外謂之食限

月心至巳則全入闇虛而光盡失爲食既月心至辛則漸出闇虛而光徐吐爲生光故設子巳辛小圈在闇虛內謂之既限

月心至乙其時入闇虛最深月食十七分正　此時謂之食甚　問月食何以得有十七分曰月全徑丑卯是十分巳全入闇虛內尚餘丑甲七分爲深入距闇虛邊數合之得十七分也

初虧時月心在丙爲陽歷在黃道南其距庚丙食甚時月心行至乙爲陰歷在黃道北其距乙癸癸即闇虛心乙癸一食黃緯也自食既至復圓四限並黃道北爲陰歷交後獨初虧是陽歷交前其自南入北交黃道時在初虧後食既前月食五分時其交點正切闇虛之西邊古曰中交在今西歷謂之正交也

右圖爲黄道上日月躔離右旋之度自西而東乃步算之根也日行遲月行疾闇虛地影居日之衝故闇虛之行即日行也初虧時月在闇虛之西及至復圓遂出其東日月並右旋而有遲速於斯著矣月道之交於黄道也有陰歷焉有陽歷焉有交前交後焉今二月月食交後陰歷也距交遠則黄緯大而受蝕淺距交近則黄緯小而受食深今距交未及一度黄緯只四分故入影最深而食分最大自甲至卯共十七分奇歷歷可數也自丙至丁爲自虧至復月行之度折半於乙爲食甚故虧至甚甚至復時刻俱等與算術相符按圖索之瞭如指掌矣若乙點稍偏卯度有參差與算理不合

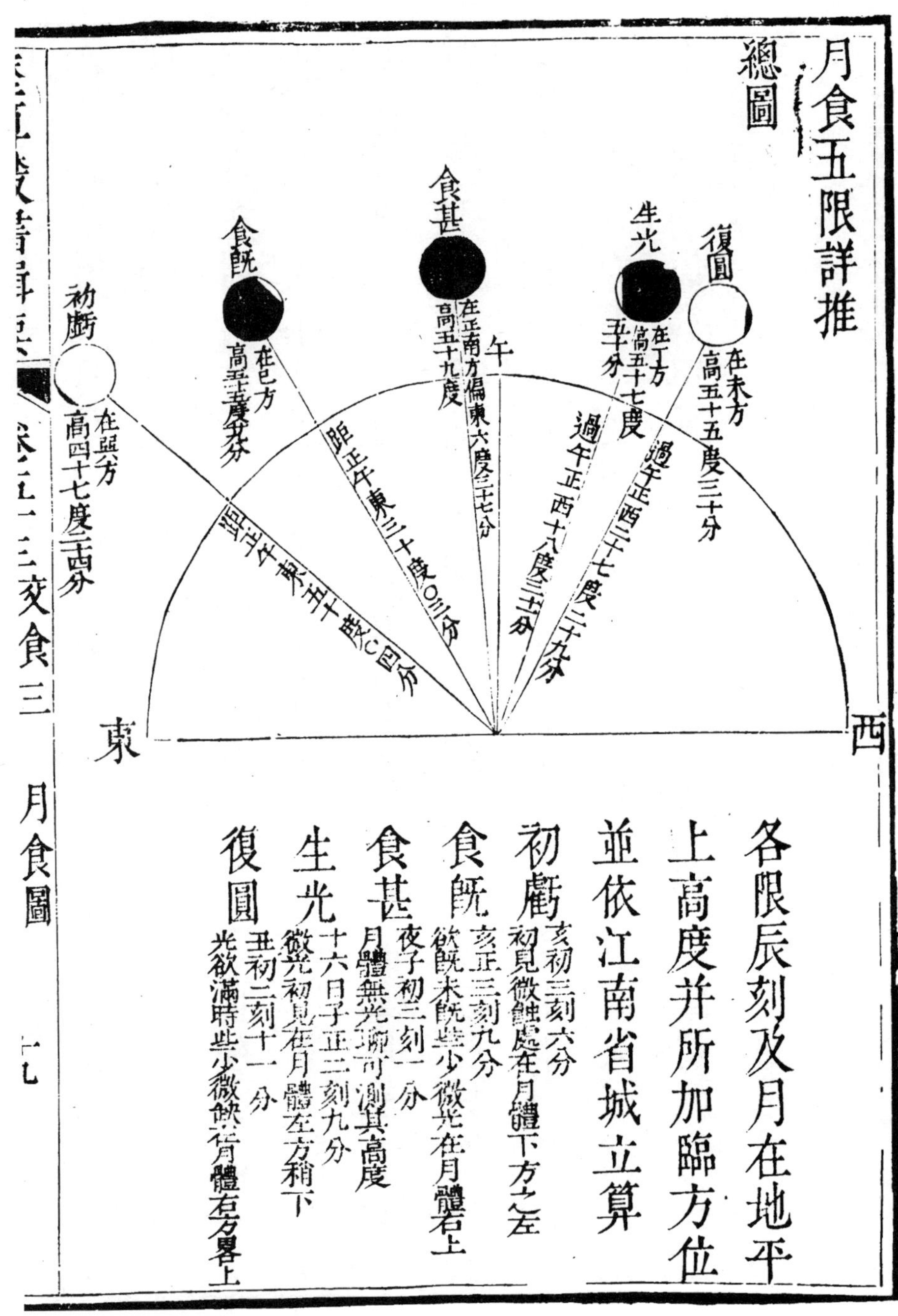
月食五限詳推

總圖

各限辰刻及月在地平上高度并所加臨方位並依江南省城立算

初虧　亥初三刻六分　初見微蝕處在月體下方之左

食既　亥正三刻九分　欲既未既些少微光在月體右上

食甚　夜子初二刻一分　月體無光聊可測其高度

生光　十六日子正二刻九分　微光初見在月體左方稍下

復圓　丑初二刻十一分　光欲滿時些少微缺在月體右方畧上

右圖爲地平上太陰加臨方向東升西沒。其行左旋。乃測驗之用也。假如欲候初虧法以盤針考定巽方定爲月食初虧時地平經度。又法。擇平地。畫以圓圈。對子午卯酉作十字綫。分圓周爲四。自卯至午匀分九十度。自午至酉亦如之。乃自午向卯數五十度。爲初虧方位。各限俱如是。候至亥時初三刻。用星晷。香漏。或自鳴鐘定之。其時太陰已到巽方在地平上高四十七度奇。用象限儀等器測之。即見月體下方偏左處漸有微缺。是爲月食初虧在月體下方之左也。此不論東西南北。惟以月體對天頂處爲上。對地平處爲下。左右亦然。測時須正身直立。向月平觀。即上下左右絲毫不爽。食既等各限並同。

終

曆算叢書輯要卷五十四

交會管見小引

交食爲驗曆大端其事之著者有三一曰食分深淺一曰加時早晚一曰起復方位古法至授時立法已詳新法有西洋所測更密幾於無可復議獨其所謂起復方位並以東西南北爲言如日食八分以上初虧正西復圓正東八分以下陽曆初虧西南食甚正南復圓東南陰曆初虧西北食甚正北復圓東北月食八分以上初虧正東復圓正西八分以下陽曆初虧東北食甚正北復圓西北陰曆初虧東南食甚正南復圓西南之類而東西南北並以日月光體中心爲主故其邊向北極處斯謂之北向南極處斯謂之南而東西從之亦以日月之邊向東昇處卽謂之東向西沒處卽謂之西此中西曆法所同也然天既北倚赤道之勢與北極出地相應皆南高而東西下黃道斜交

赤道又因節氣而殊初虧食甚復圓各限加時又別是故人所見日月光體之東西南北非日體之東西南北也故於仰觀不能盡合密測者以日月體勻爲細分而求其虧甚所當之處於理爲盡然必測器精良用法取影庶幾可知終不能若食分深淺加時早晚之可以萬目同觀衆著無疑也愚今別立新術凡虧復各限並於日月光體之上下左右直指其損蝕所在而不用更襍以東西南北之名欲令測候之時舉目共見即步算之疏密纖毫莫遁或於測學不無小補猶冀
高賢深明理數有以進而教之也

康熙四十四年歲在旃蒙作噩勿菴梅文鼎識時年七十有三

交食四

交會管見

求初虧復圓定交角

以初虧復圓定時分依法求其距午時分午後以加午前以減各加減日實度所對時分（入九十度表取之）爲初虧復圓時定總時以定總時各求其日距限限距地高遂以得其交角加減之得初虧復圓時定交角

求初虧復圓時先闚後盈之點在日體上下左右

法自天頂作垂弧過日心以至地平分日體圓周左右各一百八十度次依定交角度分日在限西初虧爲右下之角復圓爲左上之角其度右旋日在限東初虧爲右上之角復圓爲左下之角其度左轉並自垂弧左右起算數至定交角度分即得太

陽圓周初虧時先闕復圓時後盈之點其定交角或爲鈍角者上下相易如本爲右下者變爲右上本爲右上者變爲右下左亦然是爲虧復時交道中徑食十分者用此即中西舊法所謂八分以上初虧正西復圓正東者也初虧復圓各依其定交角度分取之

若食九分以下當先求蝕緯差角法爲并徑與月視黃緯若半徑與蝕緯差角之正弦也以月視黃緯化秒乘半徑爲實以并徑減一分化秒爲法除之得蝕緯差角之正弦查正弦得度分以加減虧復時交道中徑得日體周邊先缺後盈之點

視緯北者日在限西初虧以加復圓以減日在限東初虧以減復圓以加視緯南者日在限西初虧以減復圓以加日在限東初虧以加復圓以減並置交道中徑以蝕緯差角度分加減之

得數仍自垂弧左右起算得初虧何處先缺復圓何處後盈上下左右皆可預定

求食甚在日體上下左右

惟食十分者食甚時兩心相掩或全黑或作金環皆無上下左右可論其食九分以下皆以陰陽歷論南北視緯若食甚時正在黃平象限則視緯北者食甚在日體上半缺口正向天頂形如仰瓦卽舊法所謂正北視緯南者食甚在日體下半餘光厚處正對天頂缺處正向地平兩角下垂形如覆梳卽舊法所謂正南也若此者只有上下可言而無左右偏側之度其餘日在限西則南緯在左下北緯在右上日在限東南緯在右下北緯在左上並以食甚時定交角之餘度或左或右並從天頂垂弧

之兩旁起算即得食甚在日體上下左右之度

求日體周邊受蝕幾何

法用太陽太陰兩半徑相并爲和相減爲較和較相乘爲實月視黃緯爲法除之得數以加減月視黃緯訖乃折半以乘半徑又爲實以太陽半徑爲法除之得餘弦查表得度倍之即食甚時日體受蝕度分以太陽全周分三百六十度內該受蝕者幾何度加減例日半徑大于月以得數加黃緯日半徑小于月置黃緯以得數減之

求日食三限在地平上高度

食甚時日距地高即可徑用。初虧復圓各以定時求其距午分依日赤緯南北度入高弧表即各得虧復時地平上高度如無正表取前後二表數以中比例酌之假如其地極出地三十一度則查三十度表及三十二度表以兩表數并而半之即是本地高弧之數。又算法以限距地高度與日距限之餘度相加爲總相減爲較。總較各取餘弦。視總弧過象限。則兩餘弦相并。不過象限。兩餘弦相減。並折半得高弧正弦。檢表得高度。

求日食三限地平經度

法以地平緯度之餘度分與極出地之餘度分相加爲總相減爲較總弧較弧之餘弦相減若總弧過象限則相加並折半爲法。初數。又取較弧矢與日距北極度之矢。對弧矢也。日赤緯在南者以加象限。赤緯在北者置象限以赤緯減之。即各得距北極度。相減得較較乘半徑爲實實如法而一得角之矢。以矢命度。若日食在午前其角度爲距正北子正之度食在午後以減半周爲距正南午正之度正矢與大矢並同一法。三限皆如是

求帶食分在日體上下左右

以日出入時距緯爲法半徑乘月視黃緯爲實實如法而一得

正弦查表得帶食緯差角度分。如求初虧復圓之法。以帶食緯差角加減白道中徑得帶食分在日體上下左右。若帶食在初虧後食甚前。其加減用初虧法。帶食在食甚後復圓前。其加減用復圓法。

帶食在初虧後食甚前者

陰歷日在限西加　日在限東減

陽歷日在限西減　日在限東加

帶食在食甚後復圓前者

陰歷日在限西減　日在限東加

陽歷日在限西加　日在限東減

右並置月道中徑。以帶食緯差角度分加減之。得數仍自垂弧左右起算。即得帶食時食分最深之處在日體上下左右。凡帶食出入時。或微虧。或見蝕半。或半以上。其餘光皆成兩角外向。均折兩角取其中。即帶食分最深之處。

求帶食出入時日邊受蝕幾何

以太陽太陰兩半徑相併爲和。相減爲較。和較相乘爲實。日出入時距緯爲法除之。得數以加減日出入時距緯。日半徑大于月。以得數加入距緯。日半徑小于月。置距緯以得數減之。乃折半用乘半徑又爲實。太陽半徑爲法除之。得餘弦查表得度。倍之爲帶食出入時太陽周邊受蝕之分。以三百六十度分太陽全周。內該缺幾何度分。

作日食分圖法交食之驗。非圖莫顯。圖必分作其象始眞。故不憚反覆詳明以著其理。

一定日食時交道斜正

作立綫以象垂弧。此綫上指天頂。下指地平。即地平經度圈之一象限也。綫上取一點爲心。規作圓形以象太陽。其圓周爲地平經綫所分左右各一百八十度。依本限定交角作點。或初虧。或復圓。

或食甚各有定交角若日距限在西其度右旋日距限在東其度左旋於太陽圓周上下並從垂綫分處數至定交角度止得兩點聯爲一直綫必過太陽之心兩端稍引長之橫出是爲日食時月道交於垂弧之象若日距限西交道左昂右低日距限東反之其初虧食甚復圓三限距限東西有時而異雖其不異亦必有遠近高下之殊則交道低昂異勢未可以一法齊也今三限各求定交角依度作圖不論東西南北一以太陽邊左右上下言其虧甚之狀即測算可以相符歷法之疎密可以衆覩更無絲毫可容假借

定交角圖一

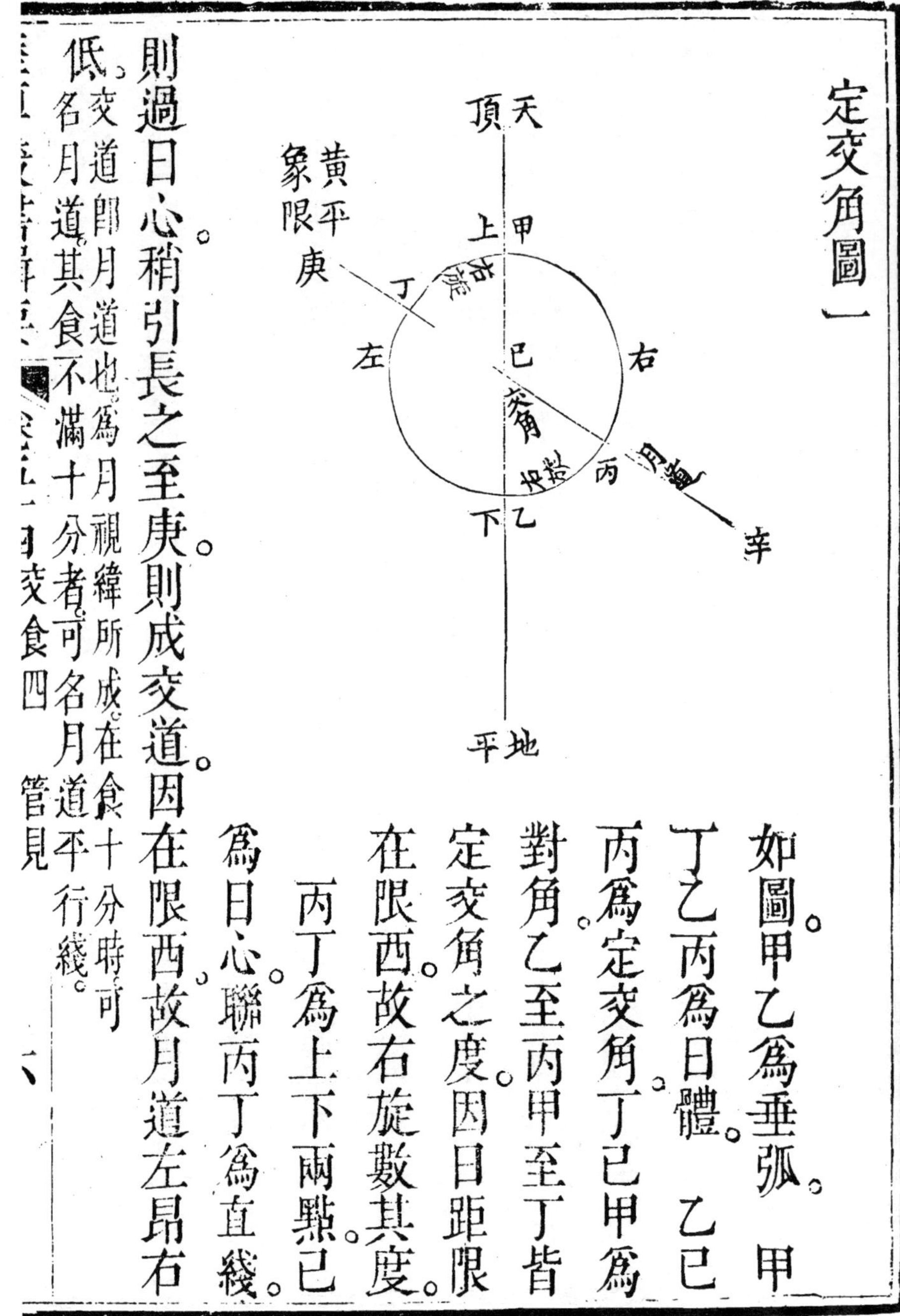

如圖。甲乙爲垂弧。甲丁乙丙爲日體。乙己丙爲定交角。丁己甲爲對角。乙至丙甲至丁皆定交角之度。因日距限在限西。故右旋數其度。

丙丁爲上下兩點。已爲日心。聯丙丁爲直綫。則過日心。稍引長之至庚。則成交道。因在限西。故月道左昂右低。交道即月道也。爲月視緯所成。在食十分時可名月道。其食不滿十分者。可名月道平行綫。

定交角圖二

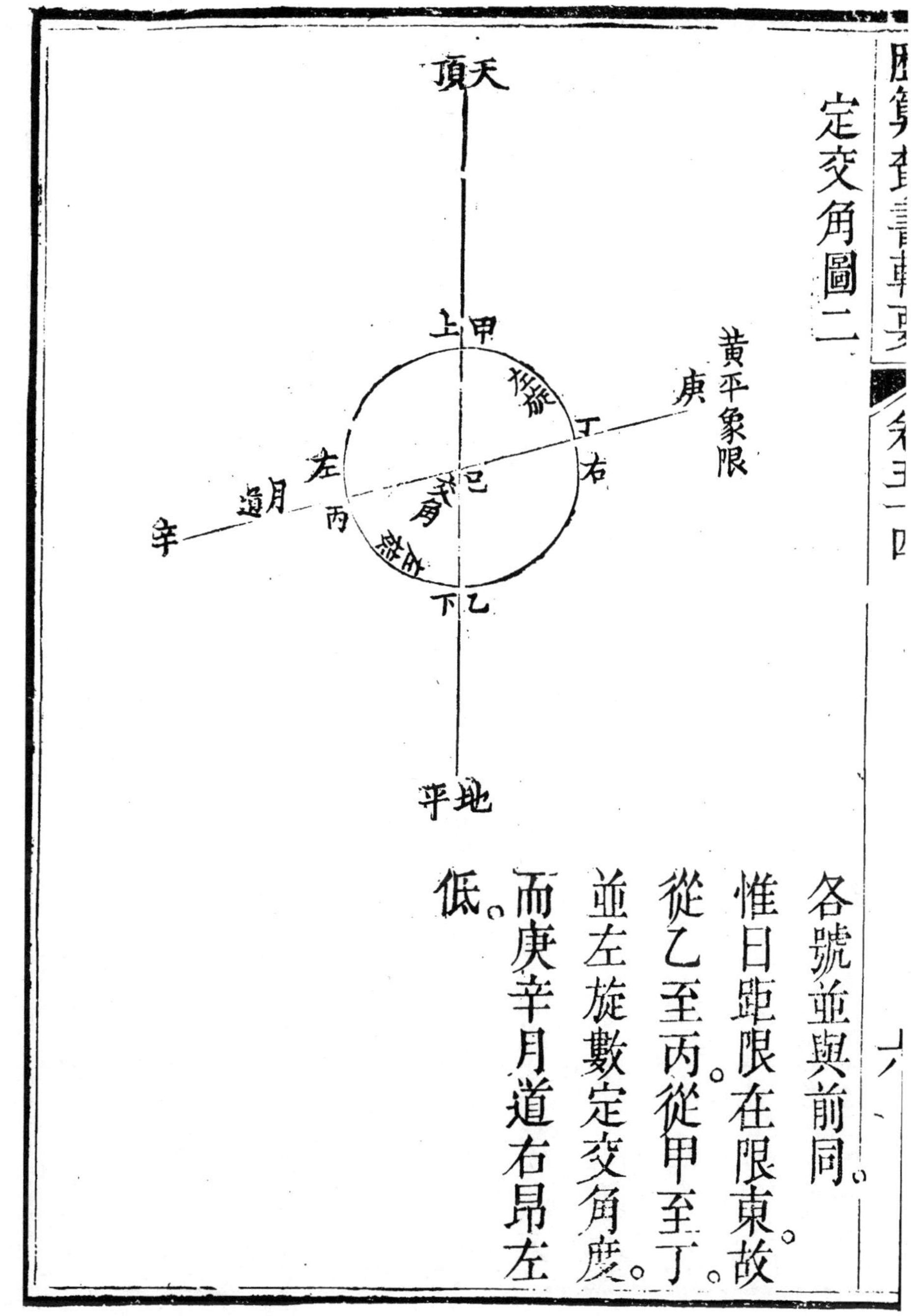

各號並與前同。惟日距限在限東。故從乙至丙。從甲至丁。並左旋數定交角度。而庚辛月道右昂左低。

定交角圖三　如圖月道平過與天頂垂弧相交成十字正角而又在午方則上北下南左東右西各如本位矣。如舊法食十分。初虧正西。復圓正東。食八分以下者。陰歷初虧西北。食甚正北。復圓東北。陽歷初虧西南。食甚正南。復圓東南。惟此時爲然。　此必日食在黃平象限左右因定交角加減而成正角。然不常有。即有之。又未必在正南方。則與東西南北之名不相叶應。故不如用定交角。直以上下左右言其方向。黃平象限。有離午正二十三四度時。又有定交角加減。則雖離午正三十餘度之遠。而能有此象。蓋即月道之九十度限也。食既者

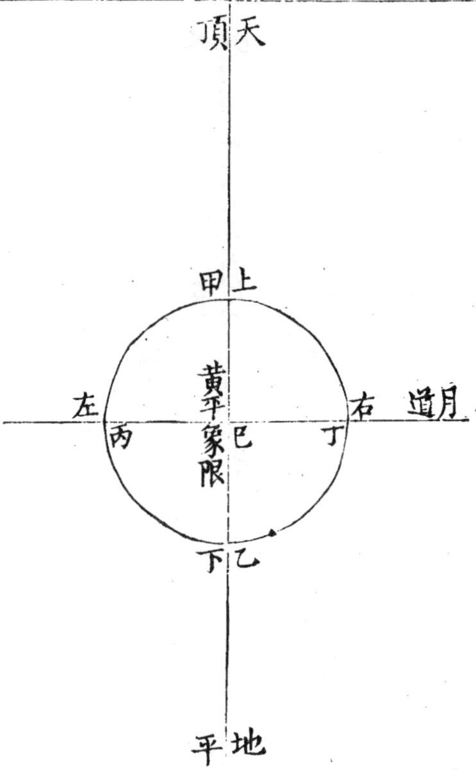

天頂

上　甲

左　右　月道

丙　巳　丁

黃平象限

下　乙

地平

遇之。虧必正右。復必正左。北緯者。虧右上。復左上。而食甚正向天頂。南緯者。虧右下。復左下。而食甚向地平。

定交角圖四

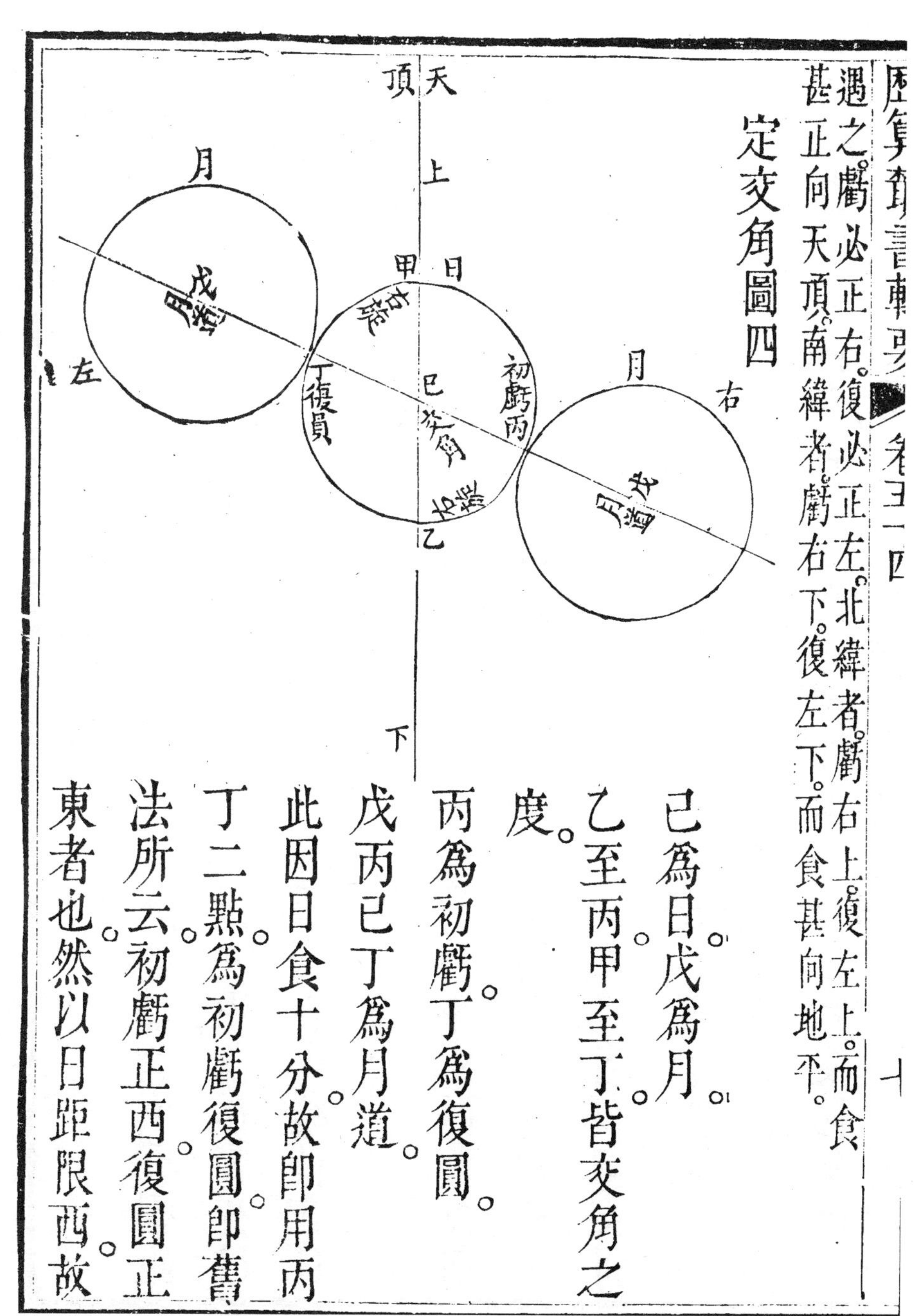

己為日。戊為月。

乙至丙甲至丁。皆交角之度。

丙為初虧。丁為復圓。

戊丙己丁為月道。

此因日食十分故即用丙丁二點為初虧復圓即舊法所云初虧正西復圓正東者也。然以日距限西故

初虧在日體右下復圓在日體左上

定交角圖五

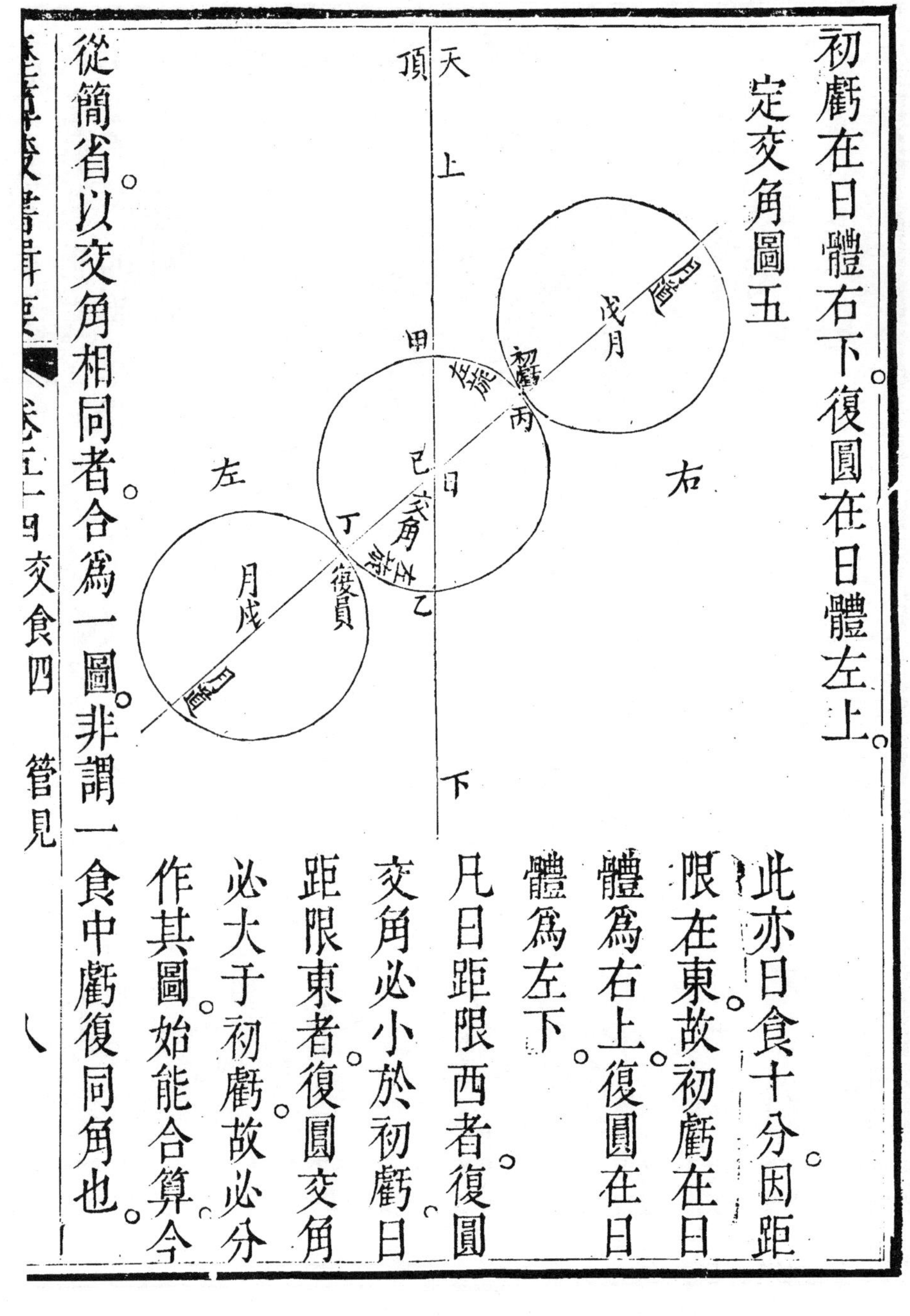

此亦日食十分因距限在東故初虧在日體爲右上復圓在日體爲左下

凡日距限西者復圓交角必小於初虧日距限東者復圓交角必大于初虧故必分作其圖始能合算今從簡省以交角相同者合爲一圖非謂一食中虧復同角也

一圖初虧

先以初虧定交角。如法作垂弧及交道。安太陽於交點。

若食十分者。於太限右方截取交道。如月半徑之度。以此爲心。規作月體。與太陽邊相切。即初虧時先缺之點。圖已見前。

若食不滿十分者。用緯差角度。算太陽邊周之度。月視黃緯在北。向上數之。在南。向下數之。並從太陽右方交道起算。數至緯差角度止。即爲初虧時先缺之點。自太陽心向此點作直綫。透出其外。稍引長之。以并徑爲度。從心截取引長綫作點。即初虧時兩心之距也。以截點爲心。太陰半徑爲度。作圓形。即初虧時太陰來掩太陽相切之象也。從太陰心作直綫。與交道平行。則月視行之道也。從太陽心作垂綫至視行綫。成十字角。即月視黄緯也。以上並不論初虧是午前午後，亦不論地平方位或在正南或偏東西，並同一法。食甚、復圓倣此。

初虧圖一

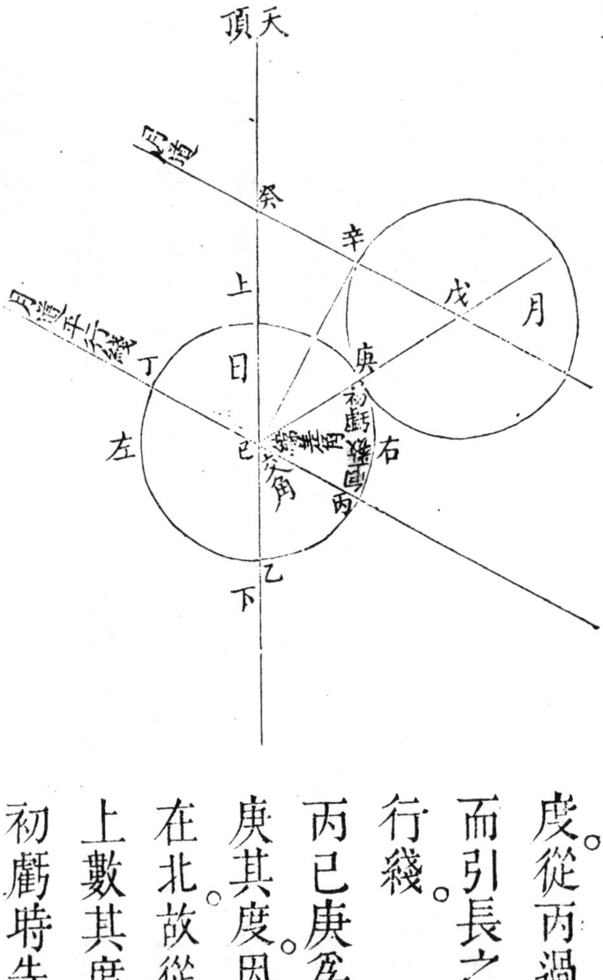

乙巳丙交角。乙丙其度從丙過巳心至丁。而引長之即月道平行綫。

丙巳庚爲緯差角。丙庚其度因月視黄緯在北。故從交道丙向上數其度至庚。庚即初虧時先缺之點。

從太陽心己作直綫過庚點而透出其外。為己庚庚戊綫。乃併日月兩半徑得己戊。為度。截己庚戊綫于戊。戊即太陰心也。以戊庚月半徑從戊心作圓。為太陰與太陽邊相切于庚。初虧象也。從月心戊作戊辛癸綫與丙己丁平行。月視行道也。此月視行綫乃人所見月心所行。故以丙己丁交綫為月道平行綫。從太陽己心作十字垂綫至月視行綫上。如己辛。月視黃緯也。

初虧圖二

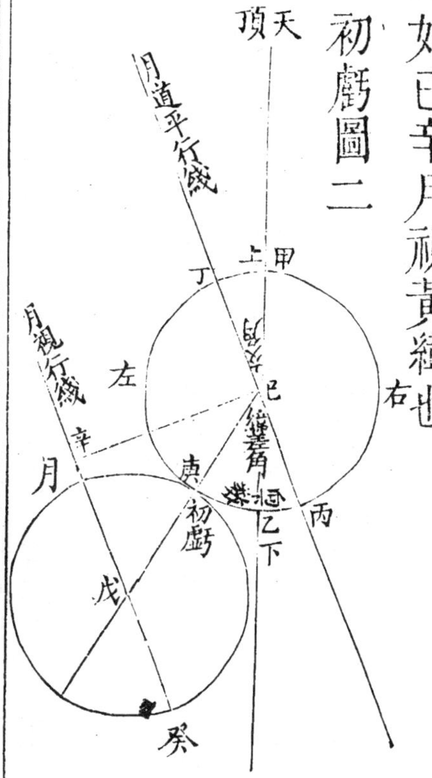

乙己丙交角。以乙丙為度。從丙過己心作月道平行綫。丙己庚緯差角。以丙庚為度。因月視黃緯在南

故從交道丙向下數其度至庚。庚卽初虧時先缺之點。此爲緯差角大于定交角。故易右爲左。

從己心向庚作己庚戊綫。而以己戊并徑度截之於戊。用爲月心規作月體與太陽相切於庚。象初虧也。　從戊心作癸戊辛綫與丙己丁平行。月視行道也。　從己心作己辛綫與戊辛相遇成方角。月視黄緯也。

以上二宗。爲日距限西。日距限西者。初虧定交角並爲右下之角。然惟食十分時則初虧右下與定交角同點。其餘則北緯者能易右下爲右上。前條是也。南緯者能易右下爲左下。此條是也。

初虧圖三　甲己丁交角以丁甲爲度。從丁過己心作丁己丙月道平行綫。丁已庚緯差角以丁庚爲度因月視黃緯在北從交道丁向上數至庚以庚爲初虧之點。此亦緯差角大于定交角。故易右爲左。如前從已心向庚作透出綫截之于戊使已戊同幷徑則戊爲月心從戊心作圓形象初虧時太陰以其邊切太陽于庚從戊作戊辛癸綫爲月視行之道與丁已丙平行。又從已作已辛綫爲月視黃緯辛爲正角

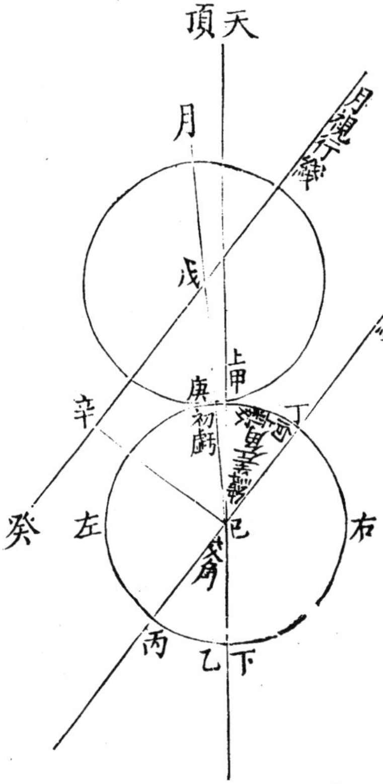

初虧圖四　諸號同前。惟以月視黃緯辛。即已在南。故緯差角

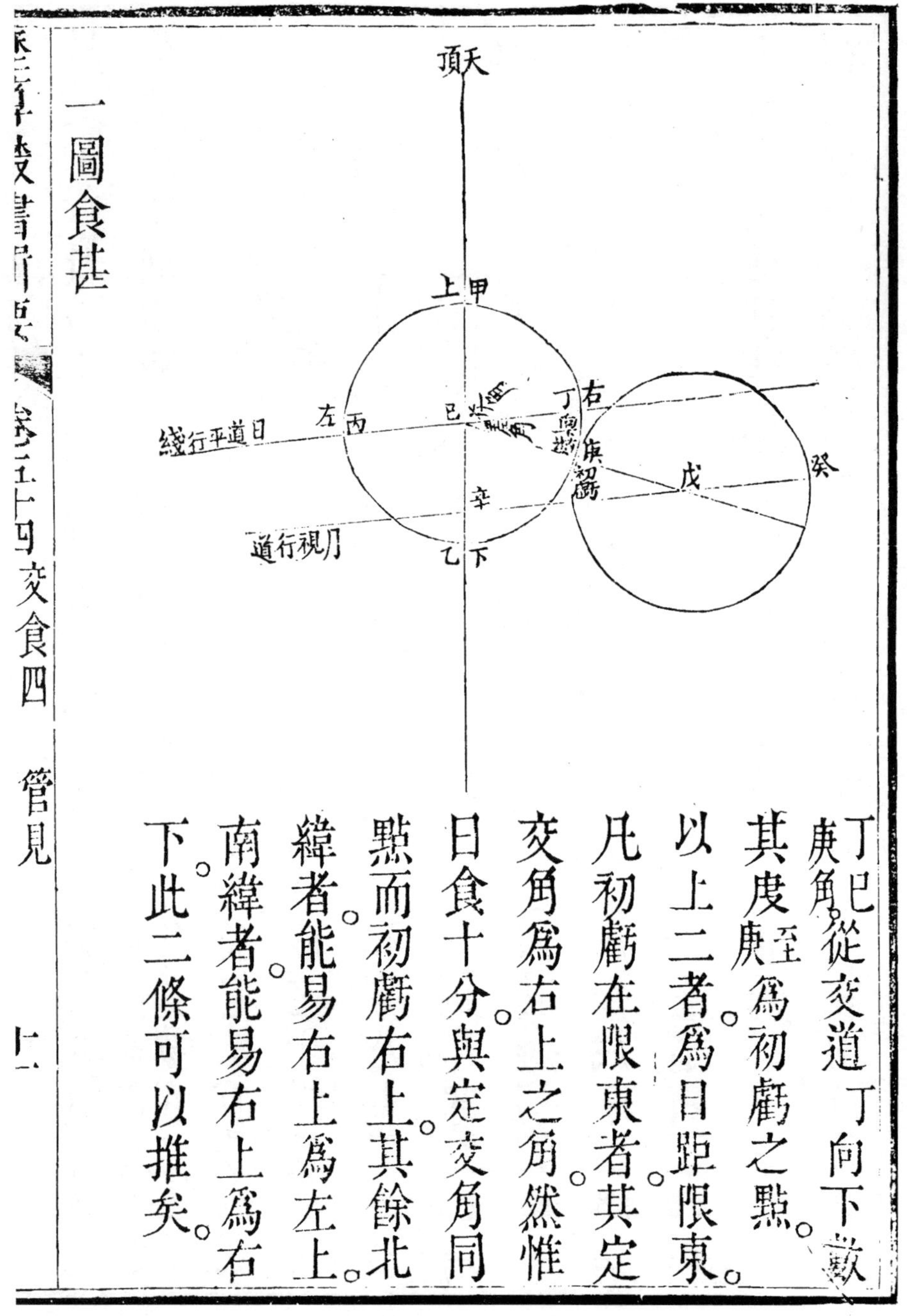

丁巳庚角。從交道丁向下數其度庚至為初虧之點。以上二者為日距限東。凡初虧在限東者其定交角為右上之角。然惟日食十分。與定交角同點而初虧右上。其餘北緯者。能易右上為左上。南緯者。能易右上為右下。此二條可以推矣。

先以食甚定交角作垂弧月道。於交點安太陽。並如初虧法。次於太陽周邊數定交角餘度。若日距限西其度左旋。日距限東其度右旋。並於日體上下方從垂線數起。至定交角餘度止。各作點。聯爲一直線。稍引長之。此線與月道爲正十字。能過月道之極。卽月道之經圈。食甚時太陽太陰並在此線之上。乃以月視黃緯求其距。若視緯在北。向上量之。視緯在南。向下量之。並從太陽心截取視緯於月道經線作點。卽食甚時兩心之距也。以此爲心。月半徑爲度規。作月體。卽見食甚時月掩太陽在日體上下左右幾何度分。此時兩心之距爲最近。其食分最深。於此線上分太陽光體爲十平分。卽所食之分可見。若于太陽之邊數其所蝕光界。卽知太陽周邊受蝕幾何度分。

若於月心作綫與月道經綫爲十字正角卽自虧至復月行之道也兩端稍引長之用并徑爲度從太陽心截之左右各得一點卽初虧復圓之點也（右爲初虧，左爲復圓。）如此卽爲總圖（總圖惟食甚爲正形，初虧復圓亦得大槩，仍當于分圖考之。）

若食十分者或全黑或作金環並無視緯更無上下左右可論不用此法

又若食甚時定交角滿九十度則北緯正對天頂餘光有如仰盂南緯正對地平餘光有如覆椀其月道左右平衡其南北視緯卽於垂弧取距（下北緯自太陽心向上，南緯自太陽心向下，並以月視黃緯取其度爲兩心之距。）不須另作月道經綫又於月道經綫以月視黃緯量其距若陰歷向上量之陽歷向下量之並自太陽心量至視黃緯止從此作綫與月道經綫爲十字角。即與虧復月行之道平行。南北差之理亦自可見。

食甚圖一

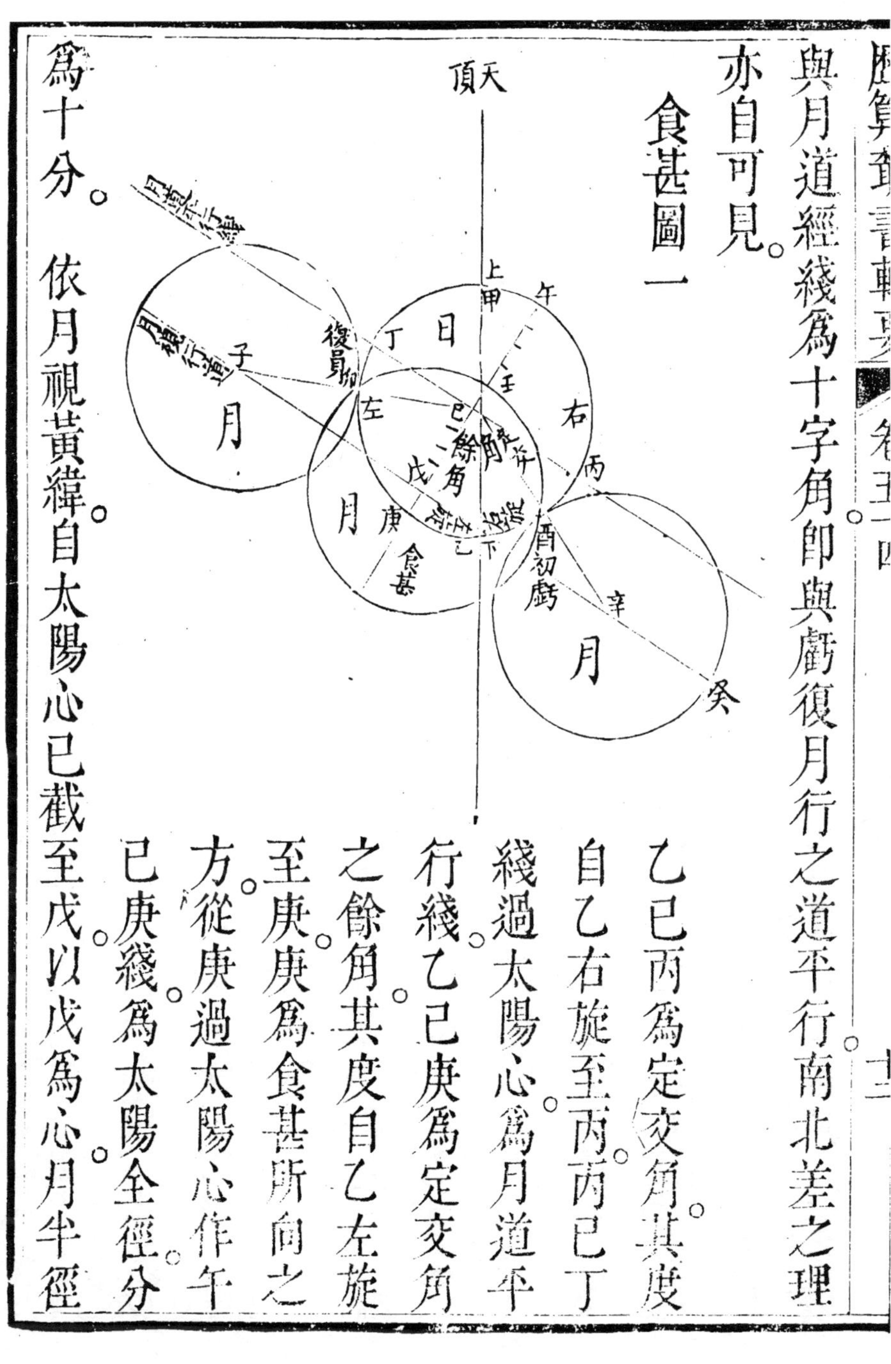

乙巳丙爲定交角。其度自乙右旋至丙。丙巳丁綫過太陽心。爲月道平行綫。乙巳庚爲定交角之餘角。其度自乙左旋至庚。庚爲食甚所向之方。從庚過太陽心作午巳庚綫。爲太陽全徑。分爲十分。依月視黃緯。自太陽心巳截至戊。以戊爲心。月半徑壬戊爲度作圓以象食甚時掩日之月計所掩徑自庚至壬得蝕六分餘光自壬至午得四分　計所掩邊自酉過庚至卯得缺光之邊一百三十分餘光自酉過午至卯得未掩之邊二百三十分約爲蝕三之一而强此以太陽邊周爲三百六十分也。分亦可名度。

從月心戊作戊癸綫與太陽徑爲十字角與交綫平行是爲月視行之道以并徑爲度自太陽心己截戊癸月道于辛于子各爲心作太陰象即見初虧於酉復圓於卯可當總圖

食甚圖二　此與前圖皆食在限西故乙巳丙定交角同勢惟月視黄緯在北故用甲庚餘角從甲左旋數至庚爲食甚所向之方亦作午巳庚十分全徑而透出之用月視黄緯截之於戊戊爲心戊壬半徑作月體交加於太陽光體之上計所掩自庚

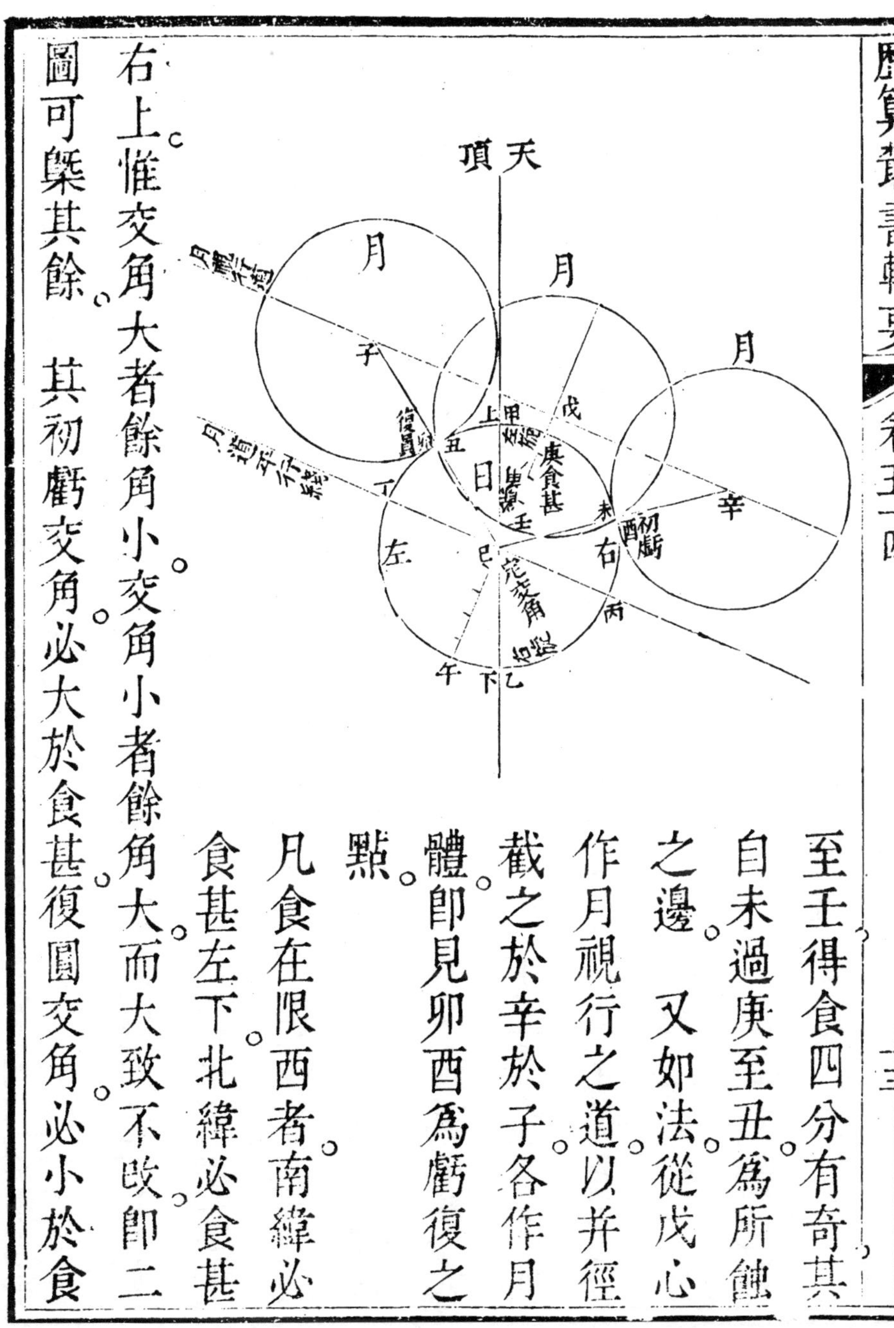

至壬得食四分有奇其自未過庚至丑爲所蝕之邊。又如法從戊心作月視行之道以并徑截之於辛於子各作月體即見卯酉爲虧復之點。

凡食在限西者南緯必食甚左下北緯必食甚右上。惟交角大者餘角小交角小者餘角大而大致不改即二圖可槩其餘。其初虧交角必大於食甚復圓交角必小於食

甚全圖聊舉大意仍以分圖爲定

食甚圖三　乙巳丙定交角其度自乙左旋至丙丙巳丁過太陽心爲月道平行綫。　乙巳庚餘角度自乙右旋至庚庚巳午

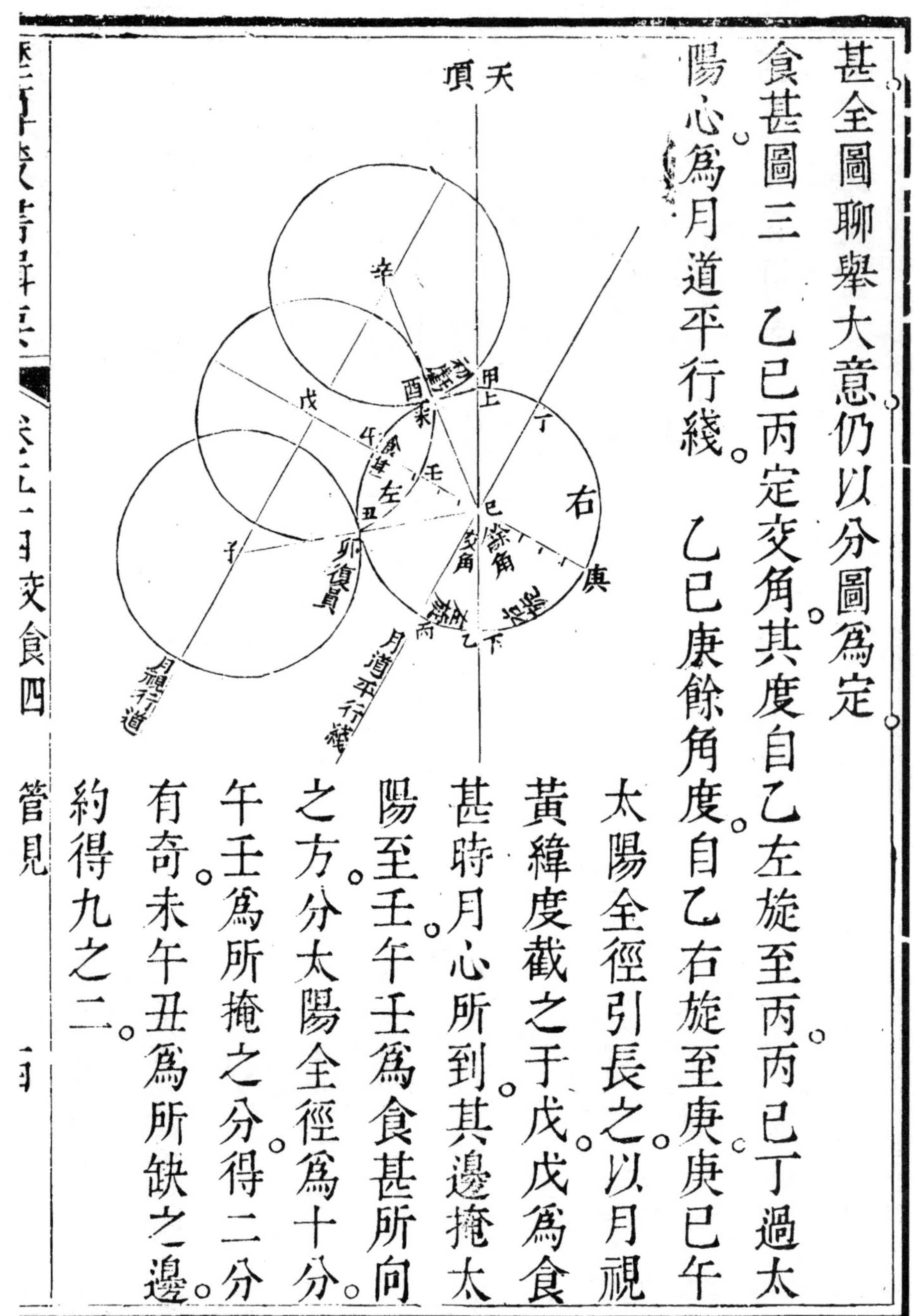

太陽全徑引長之以月視黄緯度截之于戊戊爲食甚時月心所到其邊掩太陽至壬午壬爲食甚所向之方分太陽全徑爲十分午壬爲所掩之分得二分有奇未午丑爲所缺之邊約得九之二。

食甚圖四　此與前圖皆食在限東乙己丙交角同勢惟月視黃緯在南故用甲己午餘角即乙己庚右旋從乙至庚庚點爲食甚所向庚己午太陽全徑十分以月視黃緯截己戊戊爲月心作太陰體掩太陽至壬得八分有奇未庚丑爲所缺之邊約得九之四凡食甚在限東者北緯必左上南緯必右下雖角有大小其大致不變以上二圖可槩其餘　以上食甚

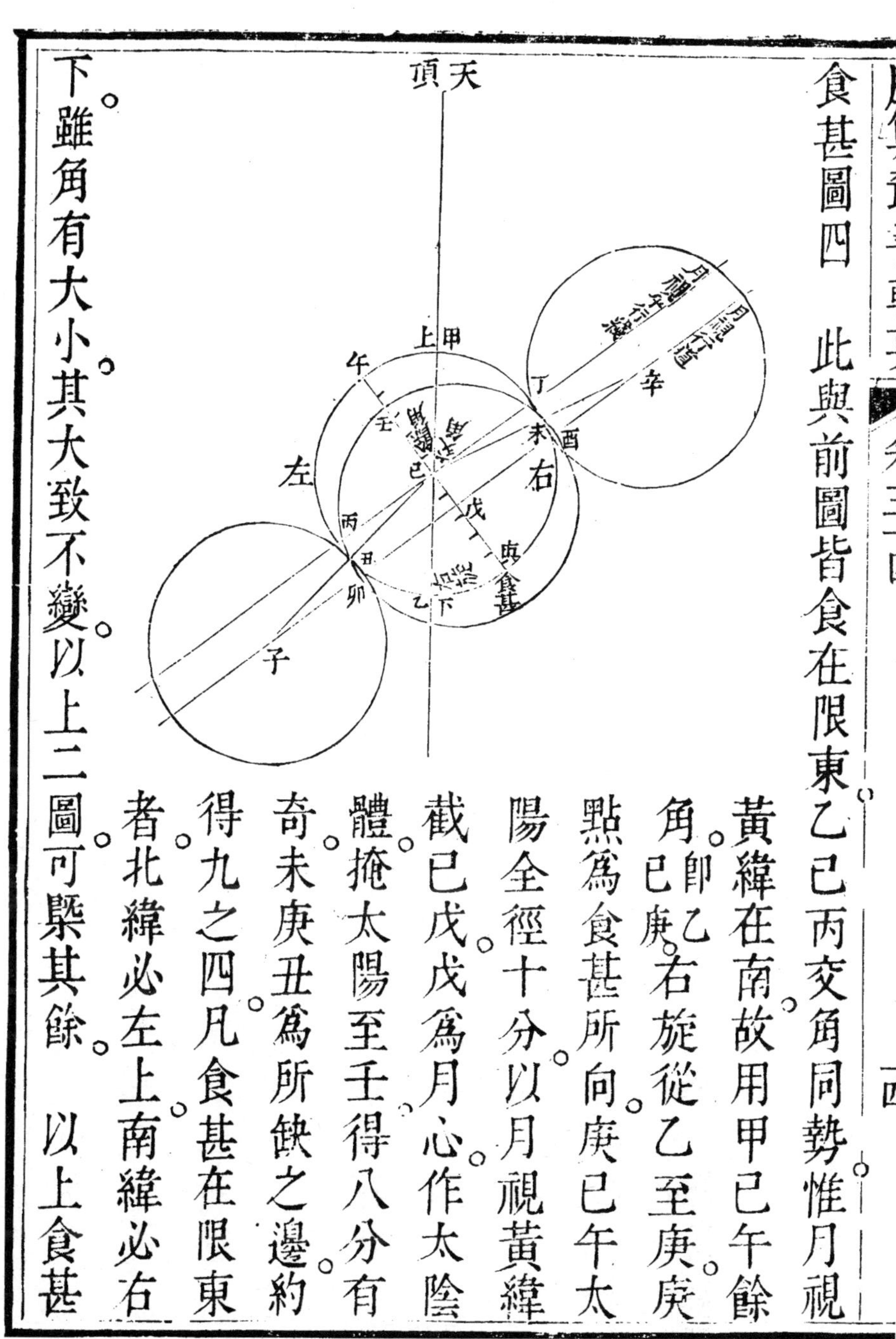

西圖或居太陽體之左上左下右上右下並以定交角論其餘角不論地平經度之東西南北並同一理即令食甚正午而距限有東西即交道有低昂必無正北正南如舊法所云者也

食甚圖五

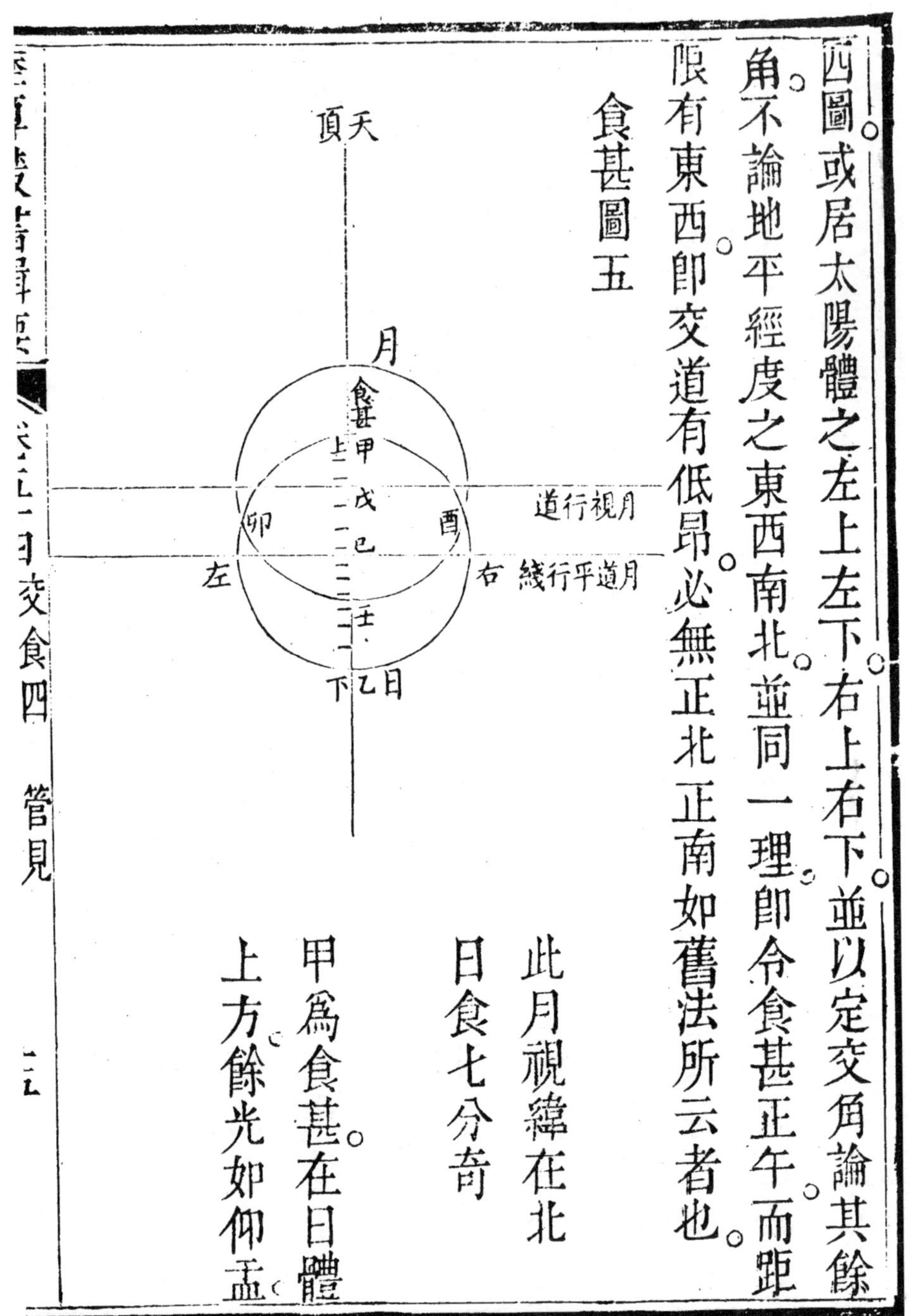

此月視緯在北

日食七分奇

甲爲食甚在日體上方餘光如仰盂

食甚圖六

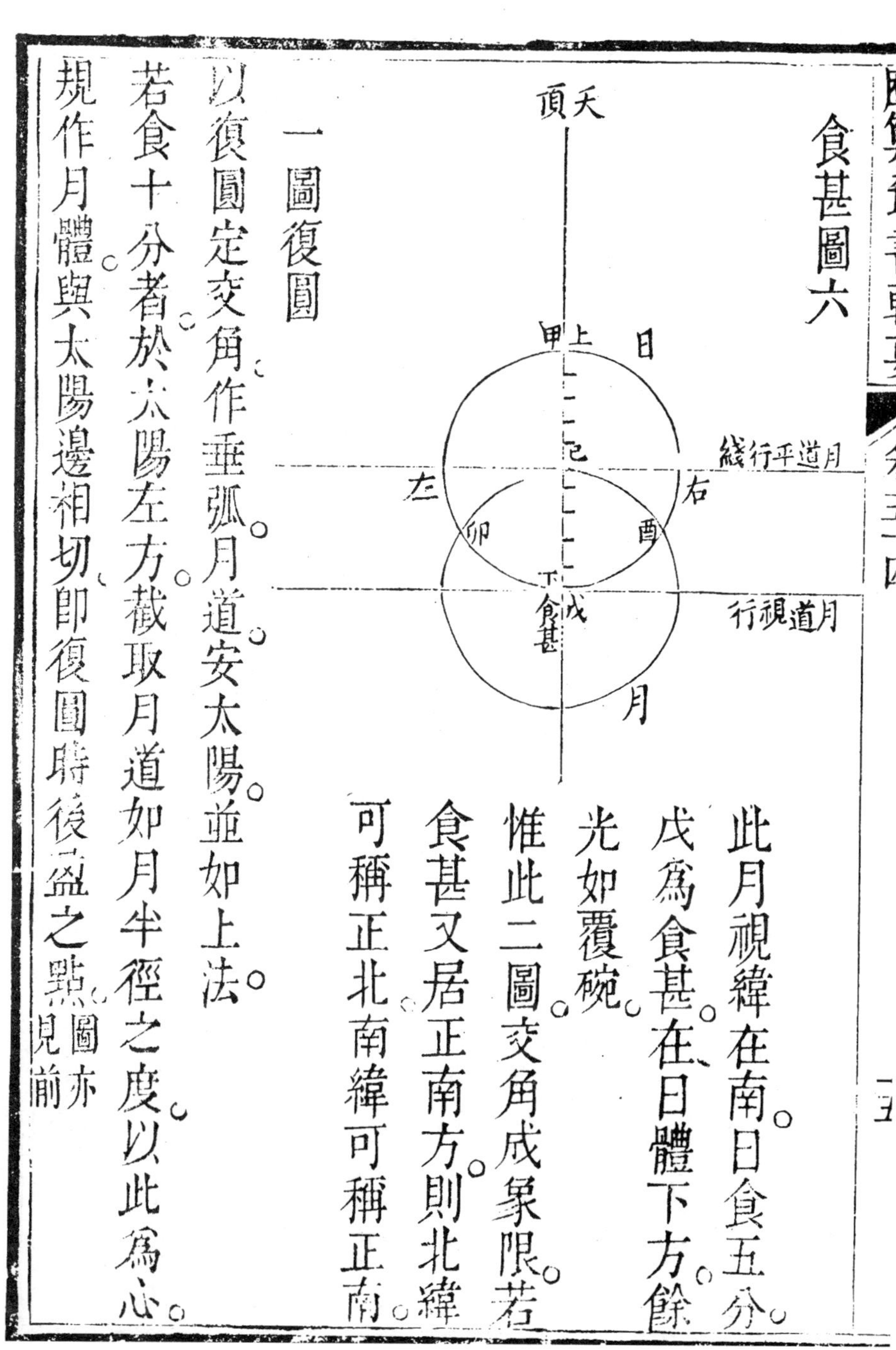

此月視緯在南。日食五分。戊爲食甚。在日體下方。餘光如覆碗。

惟此二圖交角成象限。若食甚又居正南方。則北緯可稱正北。南緯可稱正南。

一圖復圓

以復圓定交角作垂弧。月道安太陽。並如上法。

若食十分者。於太陽左方截取月道如月半徑之度。以此爲心。規作月體與太陽邊相切。即復圓時後盈之點。圖亦見前若食不滿十分者用緯差角度算太陽邊周之度北緯向上數之南向下數之並從太陽左方交道起數至緯差角度止即爲復圓時後盈之點自太陽心向此點作直綫透出其外稍引長之以并徑爲度從心截取引長綫作點即復圓時兩心之距以截點爲心規作太陰與太陽相切即復圓時太陰行過太陽初離之象也

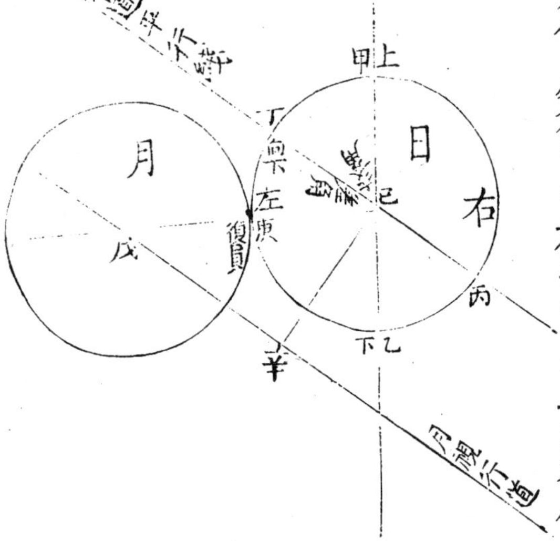

復圓圖一

甲己丁交角即乙己丙其度甲丁從丁過己心作丙己丁綫引長之即月道平行綫丁己庚爲緯差角其度丁

庚因月視黃緯在南從交道丁向下數其度至庚庚即復圓時後盈之點　從太陽心己出直綫過庚而透出其外爲己庚戊綫以并徑爲度截之於戊以戊爲心月半徑爲界作太陰圓體切太陽邊於庚即太陰行過太陽初離之象也　從月心戊作戊辛直綫月視行之道也而己辛者月視黃緯也

復圓圖二

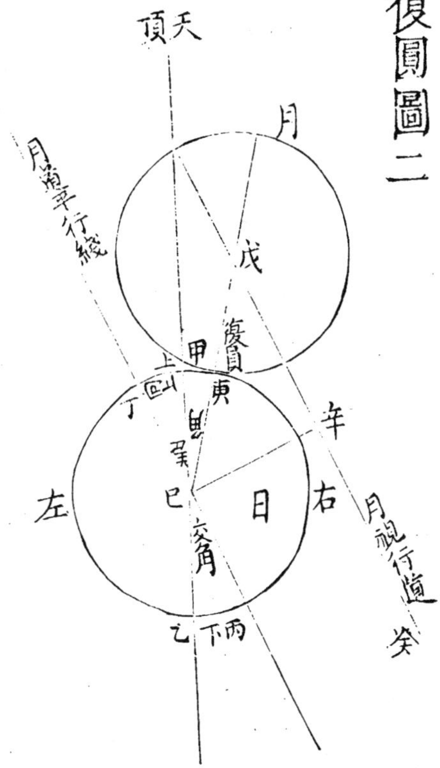

甲己丁交角即乙己丙其度甲丁從丁作月道平行綫過己心至丙而引長之　丁己庚緯差角大於交角而月視黃緯在北法當從交道丁向上

數丁庚之度跨甲而至庚庚即復圓時復光最後之點　又法從巳心作丙巳丁之垂綫乃以月視黃緯爲度截之於辛則巳辛即食甚兩心之距也從辛又作十字綫與丙巳丁交道平行如戊辛癸即月視行之道也次以并徑爲度截月視行道於戊以戊爲心月半徑爲度作復圓時太陰象即其邊切太陽於庚

以上二圖皆復圓距限西也凡復圓限西者其定交角爲左上之角然惟食十分其點不改其餘則有易爲正左稍下如前圖者有易爲右上如此圖者餘可數推

復圓圖三　乙巳丙交角以乙丙爲度從丙作月道平行綫過巳心至丁而引長之　因月視黃緯在北從交道丙向上數緯差角丙巳庚之度至庚即庚爲復圓之點　又法以丁午丙半

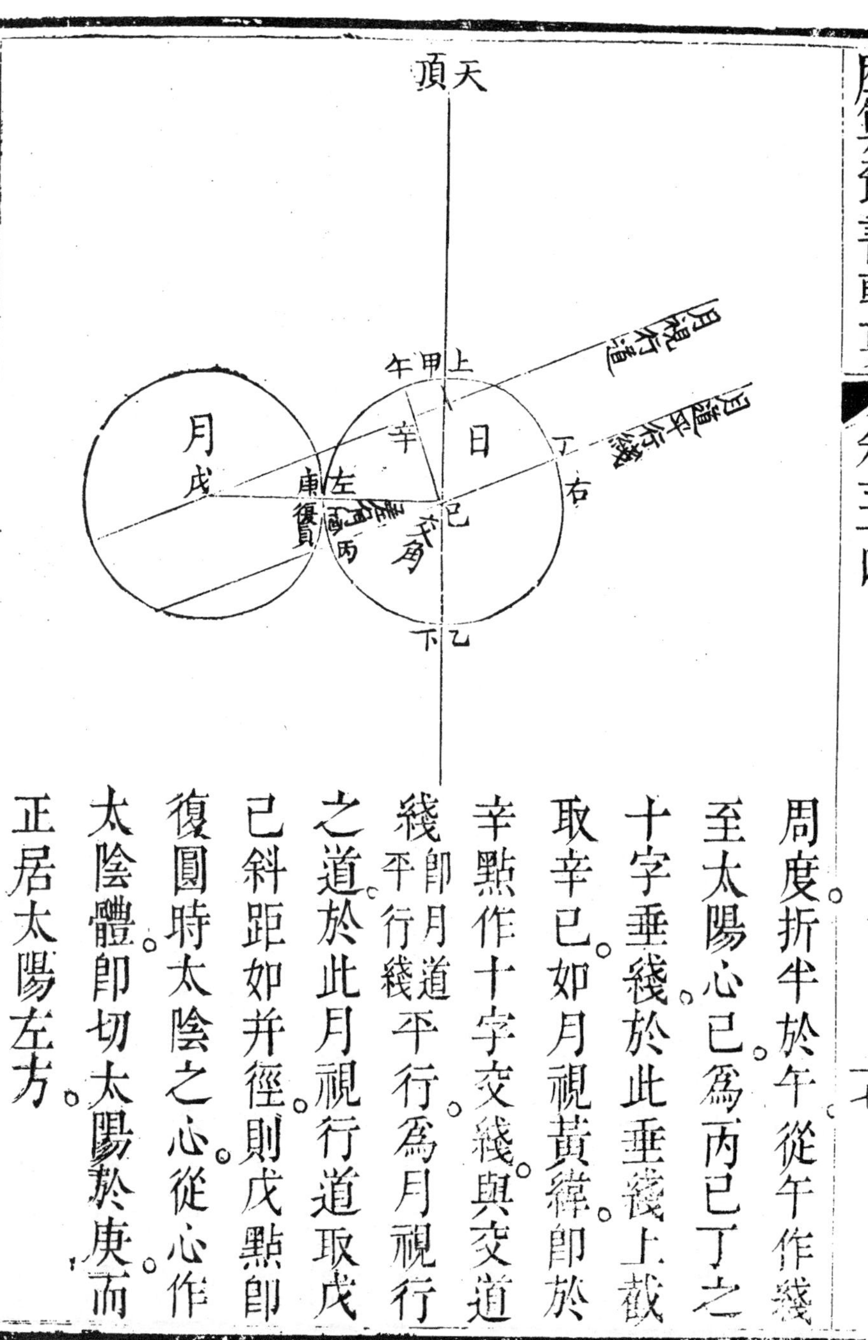

周度。折半於午。從午作綫至太陽心巳。爲丙巳丁之十字垂綫。於此垂綫上截取辛巳。如月視黃緯。卽於辛點作十字交綫。與交道綫卽平行綫月道平行。爲月視行之道。於此月視行道取戊巳斜距。如并徑。則戊點卽復圓時太陰之心。從心作太陰體。卽切太陽於庚而正居太陽左方。

復圓圖四

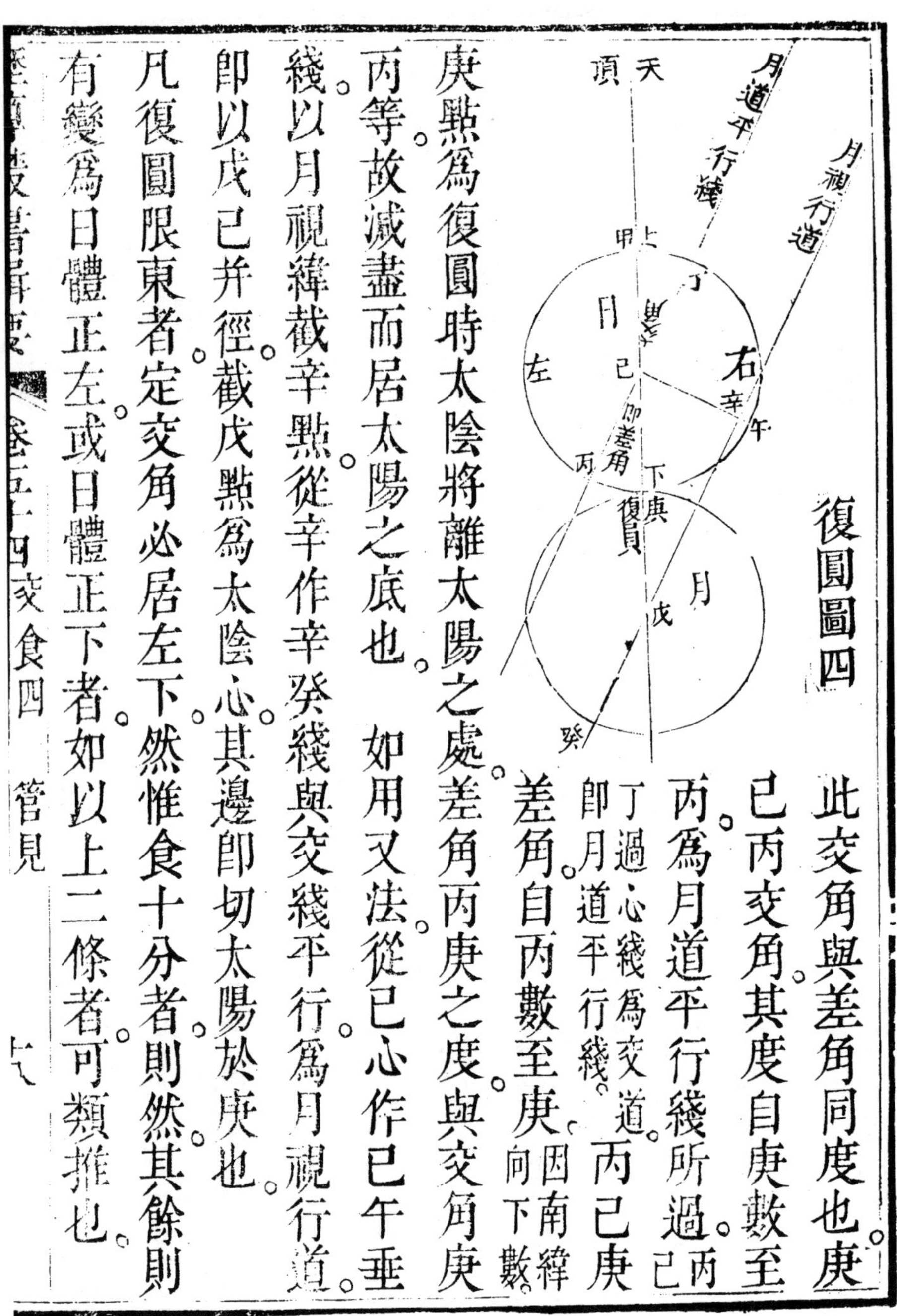

此交角與差角同度也。庚已丙交角其度自庚數至丙爲月道平行綫所過。丙已丁過心綫爲交道。卽月道平行綫。丙已庚差角自丙數至庚因南緯向下數。

庚點爲復圓時太陰將離太陽之處。差角丙庚之度與交角庚丙等。故減盡而居太陽之底也。　如用又法。從已心作已午垂綫。以月視緯截辛點。從辛作辛癸綫與交綫平行。爲月視行道。卽以戊已并徑截戊點爲太陰心。其邊卽切太陽於庚也。

凡復圓限東者。定交角必居左下。然惟食十分者則然。其餘則有變爲日體正左或日體正下者。如以上二條者可類推也。

黄道九十度算法之理　與張簡庵問答

曆書有求九十度限距天頂及距子午規法。今正厥圖

天頂過黄極之綫必爲直角

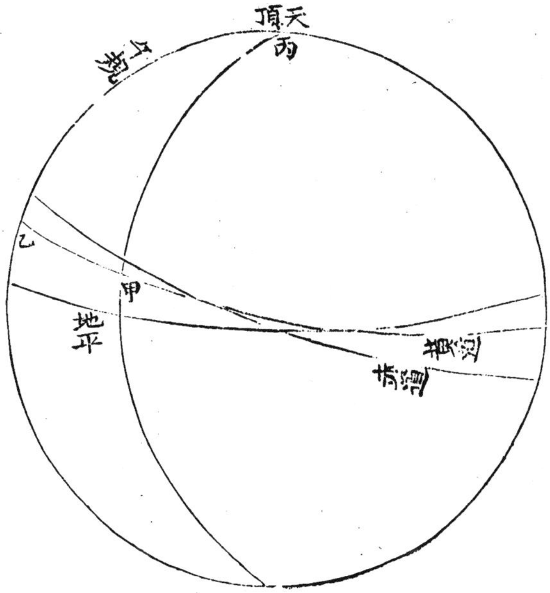

甲爲九十度限。乙爲黄道過午規交角。乙丙爲黄道在午規距天頂之度。今用乙甲丙正弧三角形。有甲正角。乙交角。乙丙弧而求甲丙弧爲九十度距天頂之度。

法爲半徑與丙乙弧正弦。若乙角之正弦。與丙甲正弦

也

增沿歷書乃以丙乙餘弦與乙角餘弦相乘爲實半徑除之得丙甲正弦失其旨矣

簡菴曰甲角非正角也何以言之自天頂出綫過赤道則爲正角其過黄道不能成正角甲角既爲天頂綫過黄道所作之角則必非正角勿菴曰不然甲點者九十度限也若甲非正角則不得爲九十度限矣

簡菴曰赤道能爲正角者以天頂綫能過北極也若黄極則不能過天頂天頂綫既不串黄極則甲必不能爲正角明矣勿菴曰子午綫所以能穿天頂與北極者以赤道在地平上半周一百八十度而交子午圈處爲其折半最中之處故天頂綫交赤

道成十字角也天頂綫與赤道作正角惟此一處蓋惟此處能使地平經綫即天頂出綫至地平分方位之綫與赤道經綫即北極出綫至赤道分時刻之綫合而爲一從地平經綫言之爲子午規從赤道言爲過極圈他處則不能也黃道亦然其在地平上亦一百八十度每度並從黃極出經綫至黃道上成正角但不能過天頂而必有一度爲黃道半周折半之處則此一經綫必過天頂而穿黃極天頂綫既穿黃極則其交黃道處必成十字正角矣天頂綫與黃道作正角亦惟此一處亦如赤道之有子午規蓋亦惟此處能使地平經綫與黃道經圈合而爲一而偏度不能西法用九十度限其理如此故甲角必正角簡菴聞此欣然首肯焉

求九十度距天頂又法

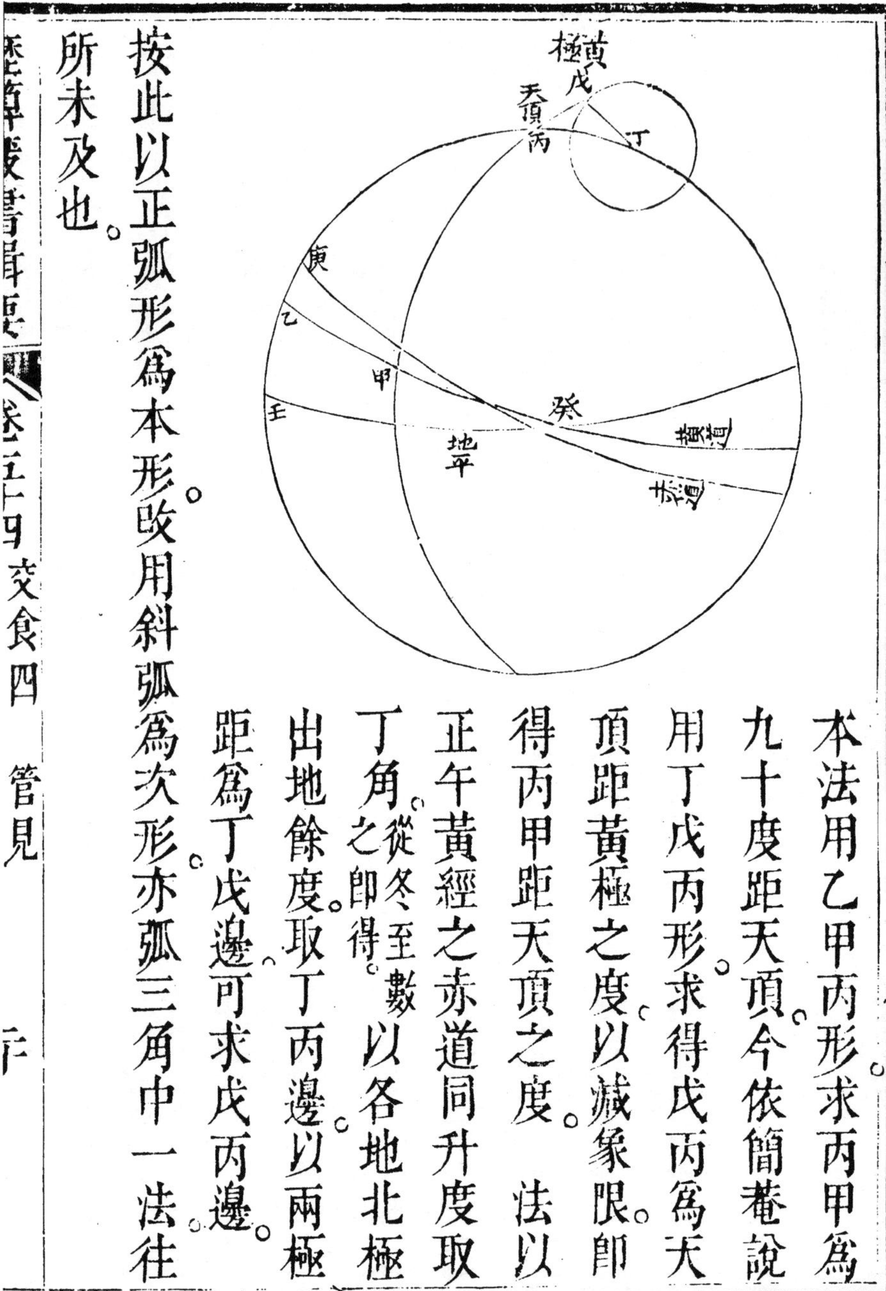

本法用乙甲丙形求丙甲爲九十度距天頂。今依簡菴説用丁戊丙形求得戊丙爲天頂距黃極之度。以減象限即得丙甲距天頂之度。　法以正午黃經之赤道同升度取丁角。從冬至數。以各地北極出地餘度取丁丙邊。以兩極距爲丁戊邊。可求戊丙邊。

按此以正弧形爲本形。改用斜弧爲次形。亦弧三角中一法往所未及也。

新立算白道九十度限高法

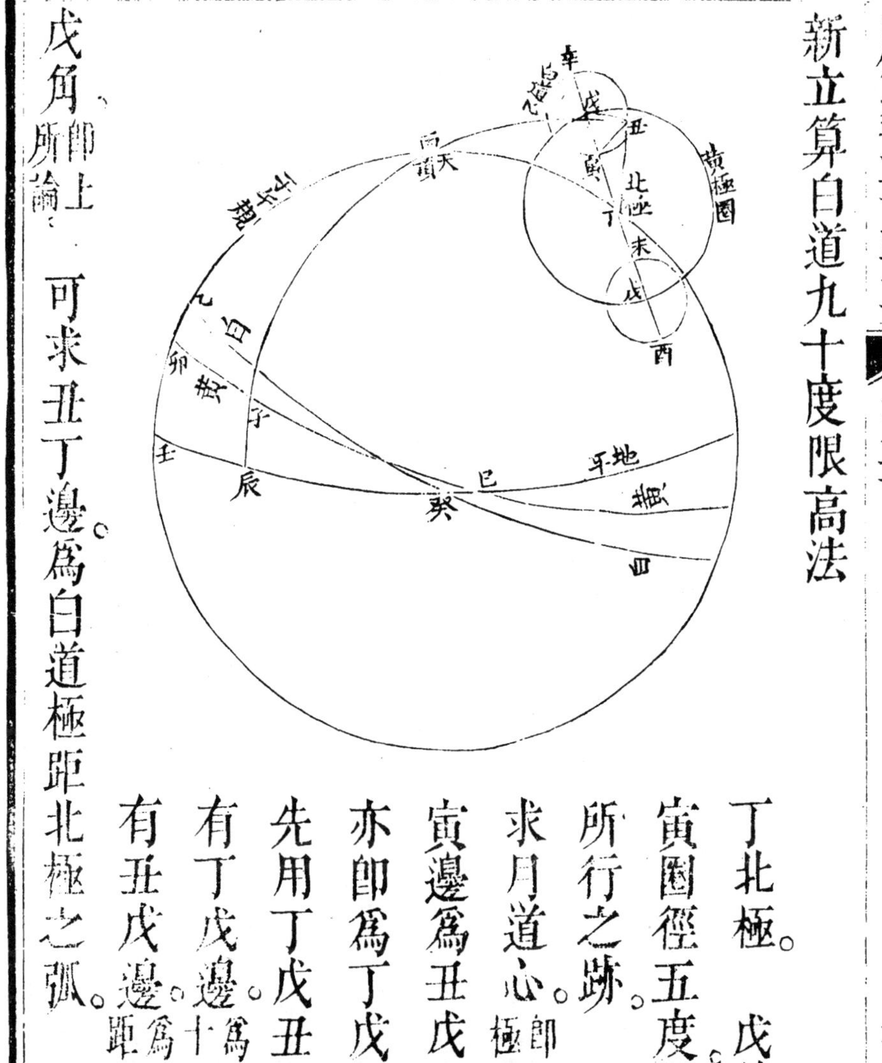

丁北極。戊黃極。丑寅圈徑五度爲白道極所行之跡。丑爲今所求月道心即白道極所到得丑寅邊爲丑戊寅角之度。亦即爲丁戊丑角度。

先用丁戊丑弧三角形。有丁戊邊。爲兩極距二十三度半。有丑戊邊。爲月道大距五度。有戊角。即上所論。可求丑丁邊。爲白道極距北極之弧。可求丑丁

戊角

次用丁丑丙弧三角形。有丑丁弧。為先所求。有丙丁丑角。以先有之戊丁丙角。與今得之丑丁戊角相加減。得丙丁丑角。有丁丙邊。即本地北極出地餘度。可求丑丙邊。為白道極距天頂之弧。亦即為白道九十度距地平之高度。

求白道極所在。即丑點法曰。凡白道極隨交點而移。交點逆行。故白道極亦逆行也。先求正交。或中交在黃道度分。離此一象限。即為半交最遠之所。此點與白道極相應。若係半交是陽歷。則白極在黃極南。半交是陰歷。則白極在黃極北。極距黃極五度奇。即丑戊也。丑戊弧五度。循黃極而左旋。有時而合於兩極距綫為寅戊。或戊辛。則無丑戊丁角。自此以外。皆有戊角。此算之根也。

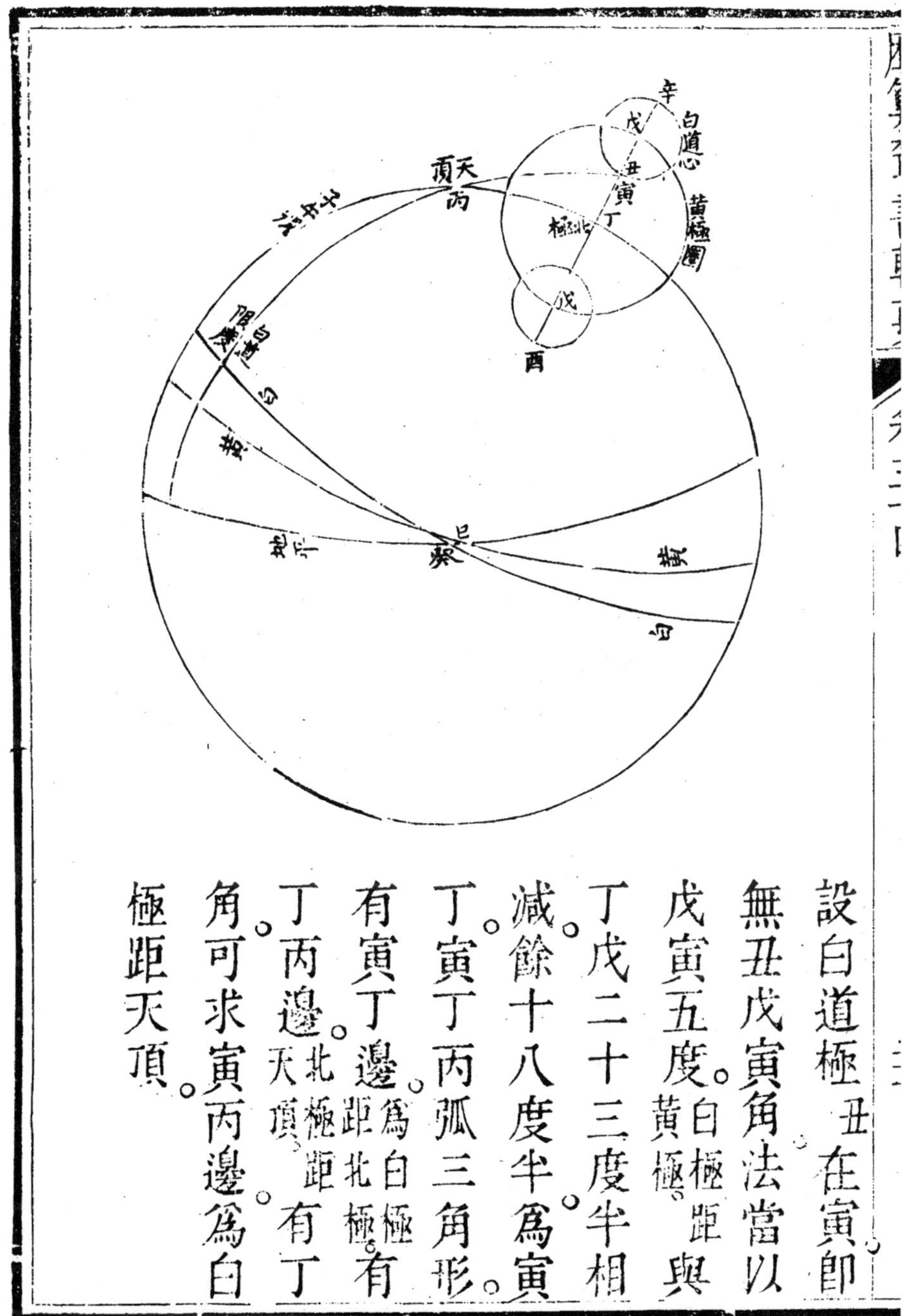

設白道極丑在寅。卽無丑戊寅角。法當以戊寅五度。白極距黃極。與丁戊二十三度半相減。餘十八度半。爲寅丁。寅丁丙弧三角形。有寅丁邊。爲白極距北極。有丁丙邊。北極距天頂。有丁角。可求寅丙邊。爲白極距天頂。

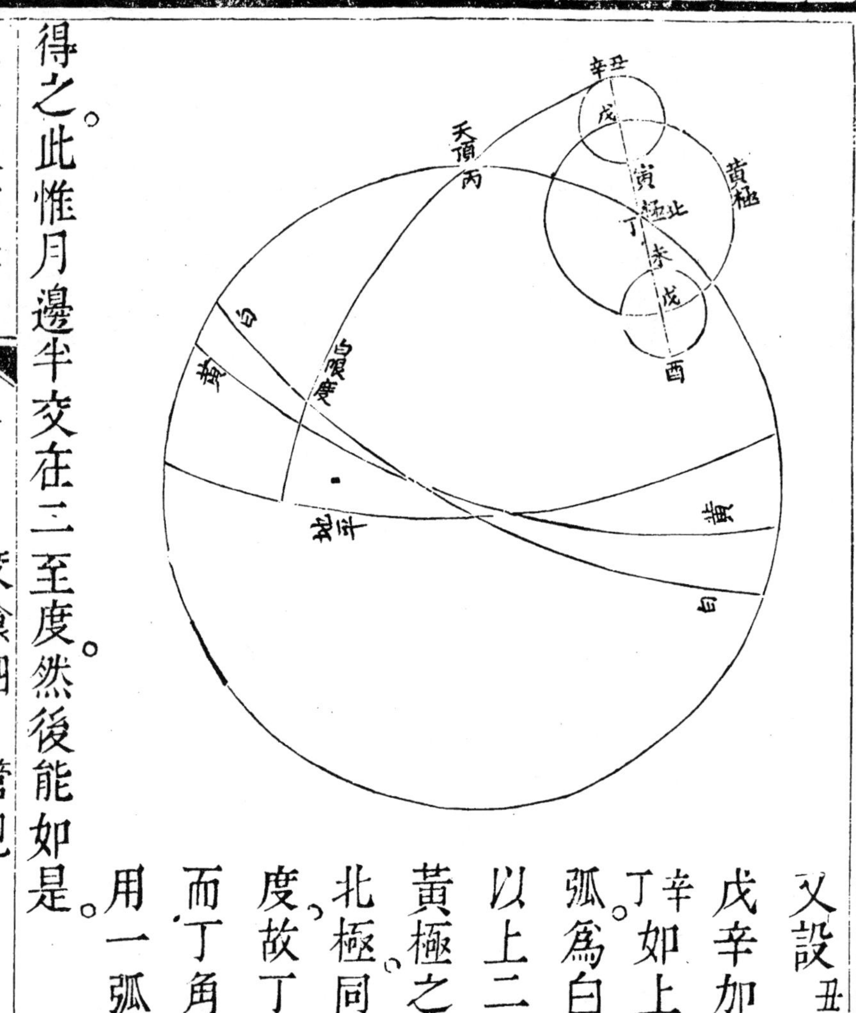

又設丑點在辛。卽以戊辛加戊丁爲一邊。辛丁如上法可求辛丙弧爲白極距天頂。以上二者因白極距黃極之綫與黃極距北極同一大圈之經。度。故丁戊綫有加減。而丁角無加減。故只用一弧三角形卽可得之。此惟月邊半交在三至度。然後能如是。

設正交在秋分之度。中交在春分之度。則陽曆半交在冬至黃道外。陰曆半交在夏至黃道內。各五度奇。而白道極在兩極距綫外亦五度奇。如辛如酉。

法當以白黃大距五度奇。辛戊或酉戊加兩極距二十三度半。戊丁共得二十八度半奇。辛丁或酉丁為一邊。丁丙為一邊。北極距天頂。丁為一角。或辛丁丙。或酉丁丙。可求辛丙邊。或酉丙邊即白道極距天頂度。以減九十度。餘為白道距天頂度。捷法。即以所得白道極距天頂。命為白道九十度距地平。

此圖丁辛綫已用弧綫。不能作兩白道極圈。

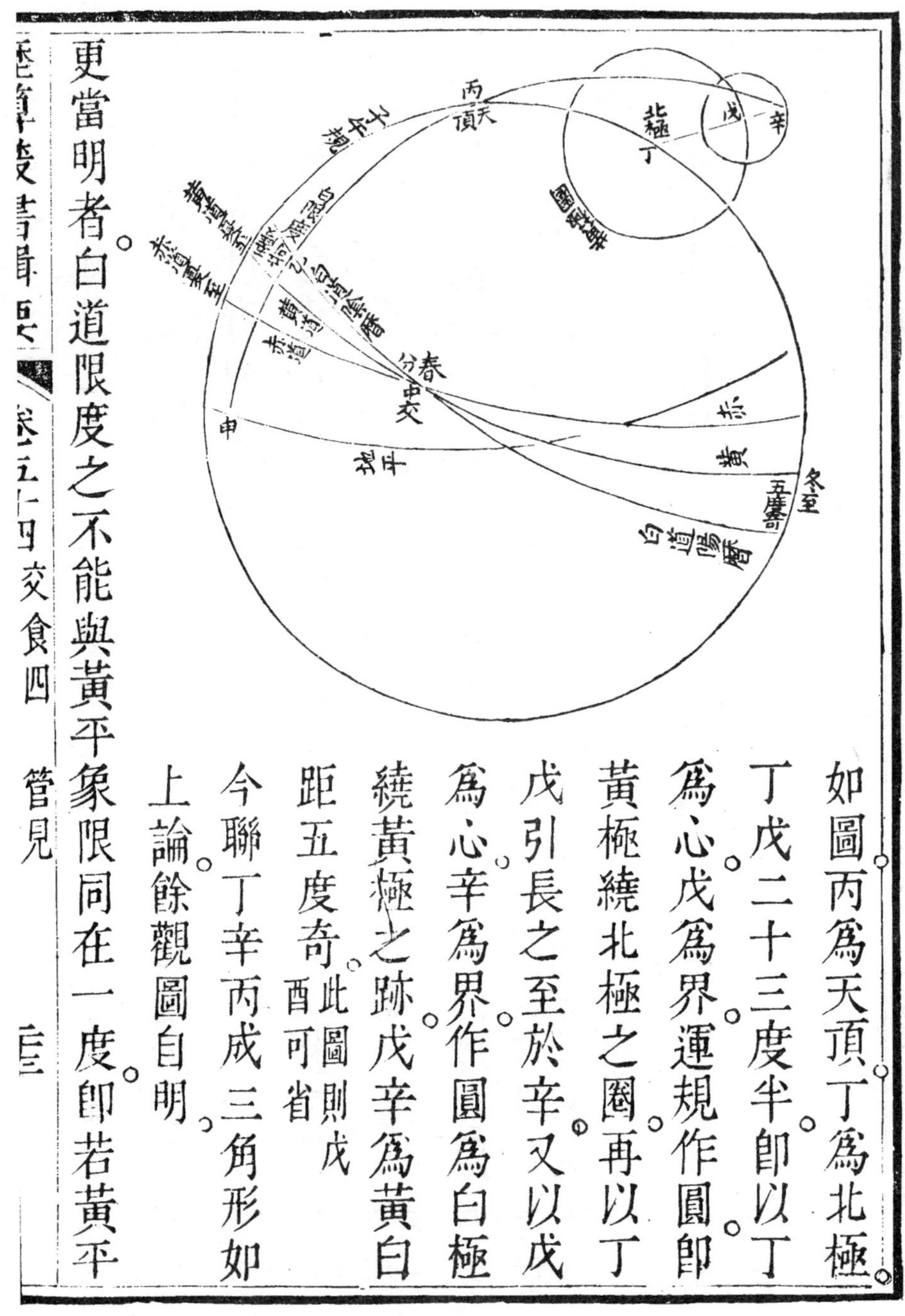

如圖丙爲天頂丁爲北極丁戊二十三度半卽以丁爲心戊爲界運規作圓卽黄極繞北極之圈再以丁戊引長之至於辛又以戊爲心辛爲界作圓爲白極繞黄極之跡戊辛爲黄白距五度奇此圖則戊酉可省今聯丁辛丙成三角形如上論餘觀圖自明

更當明者白道限度之不能與黄平象限同在一度卽若黄平

象限之不能與赤道高度同在一度同也。黃平象限與赤道高度能在一經度者。惟極至圈在子午規之度為然。白道限度之能與黃平象限同在一經度者。惟兩交在二分之度。又極至圈同在午規時也。

又設正交在春分之度。中交在秋分之度。則陽歷半交在夏至黃道外。陰歷半交在冬至黃道內。各五度奇。而白道極在兩極距綫內亦五度奇。如寅如未。

法當以白黃大距五度奇寅戊或未戊。去減兩極距二十三度半。戊丁得餘十八度半弱。寅丁或未丁。為一邊。丁丙為一邊。丁為一角。或寅丁丙或未丁丙。可求寅丙邊。或未丙邊。為白極距天頂。即命為白道九十度距地平之高。圖如後。

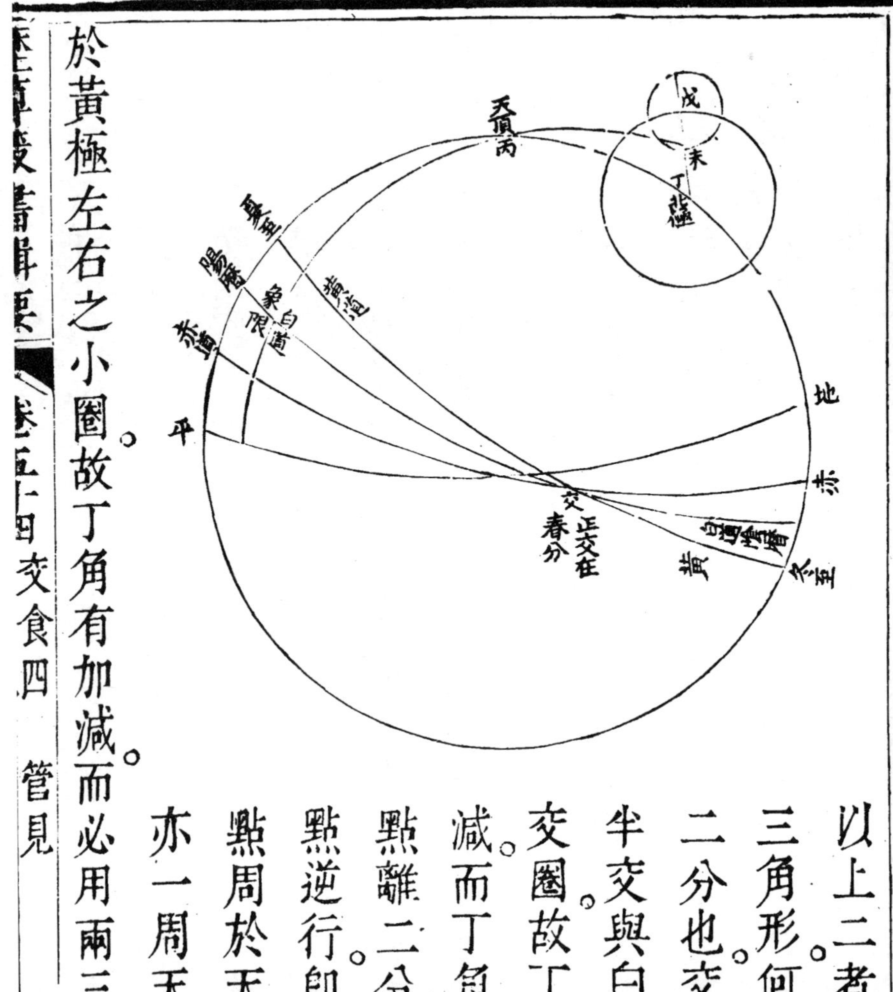

以上二者。並只用一弧三角形。何則。以交點在二分也。交點在二分。則半交與白極。並在極至交圈。故丁戊弧。自有加減。而丁角無加減。若交點離二分。則否。何則。交點逆行。卽羅計度也。交點周於天。而半交大距亦一周天。而白極亦周於黃極左右之小圈。故丁角有加減。而必用兩三角形也。

求戊角。用兩三角形。先必取戊角。　法曰正交在秋分則白極在辛。即在酉。從辛左旋過丑至寅而復於辛以生戊角戊角之度或銳或鈍皆以交點距分之度命之

白極小圈以羅計一周而復於圓度。假如正交自秋分向夏至逆行。過秋分二十度。則白極離辛點亦二十度。以減半周。餘百六十度。為戊鈍角。

求丁角。戊丁丙角。　法曰視極至交圈距午圈若干度分即得戊丁丙角。以加時午正黃道度取之。

白道九十度限用法

依前所論以求加時白道九十度限。在地平上之高的確不易。用斜弧三角形。　但如此則交食表所算九十度限俱可不用當另算白道九十度表。

法曰丑戊丁三角形以丁戊邊兩極距二十三度半。丑戊邊白極距黃極五度。戊角白極距冬至經圈之度亦即正交離秋分之餘度。為二邊一角可求丁丑邊此邊之度天下所同。丁角此角亦天下所同。其法並以戊角之大小立算只算半周。可以立表矣。正交在秋分前以過夏至而至春分。春分前以過冬至而至秋分。之度角在極至圈西東。

戊丁丙三角形　求丁角法曰以應時法求加時午正黃道可借用黃道九十度表。取其赤道同升度即得丁角

視同升度在冬至後半周其距冬至度即為丁角其角在子午綫西。

若同升度在夏至後半周即以距夏至度去減半周餘為丁角其角在子午綫東。此丁角亦天下所同

丑丁丙三角形　先求丁角法曰以先有之兩丁角相減或相併即得丁角

兩丁角俱在西或俱在東則相併兩丁角一在西一在東則相減

此丁角亦天下所同

次求丁丙邊法曰丁丙者各地之北極距天頂也以北極高度減象限得之次求白道九十度限之高

法曰既有丁角即上所求丁丑邊即先所求丁丙邊即極距為一角兩邊可求丑丙邊為白極距天頂度以減象限得白道九十度限距天頂亦即得其距地平之高

既得白道九十度限距地平之高再求得月在白道上距九十度限之度分法以月距交前交後度減象餘即得可求其交角白道交天頂經度之角也

此交角可借黃道交角表用之　但須補作黃道北五度表

既得交角則高下差可知而東西南北差悉定矣

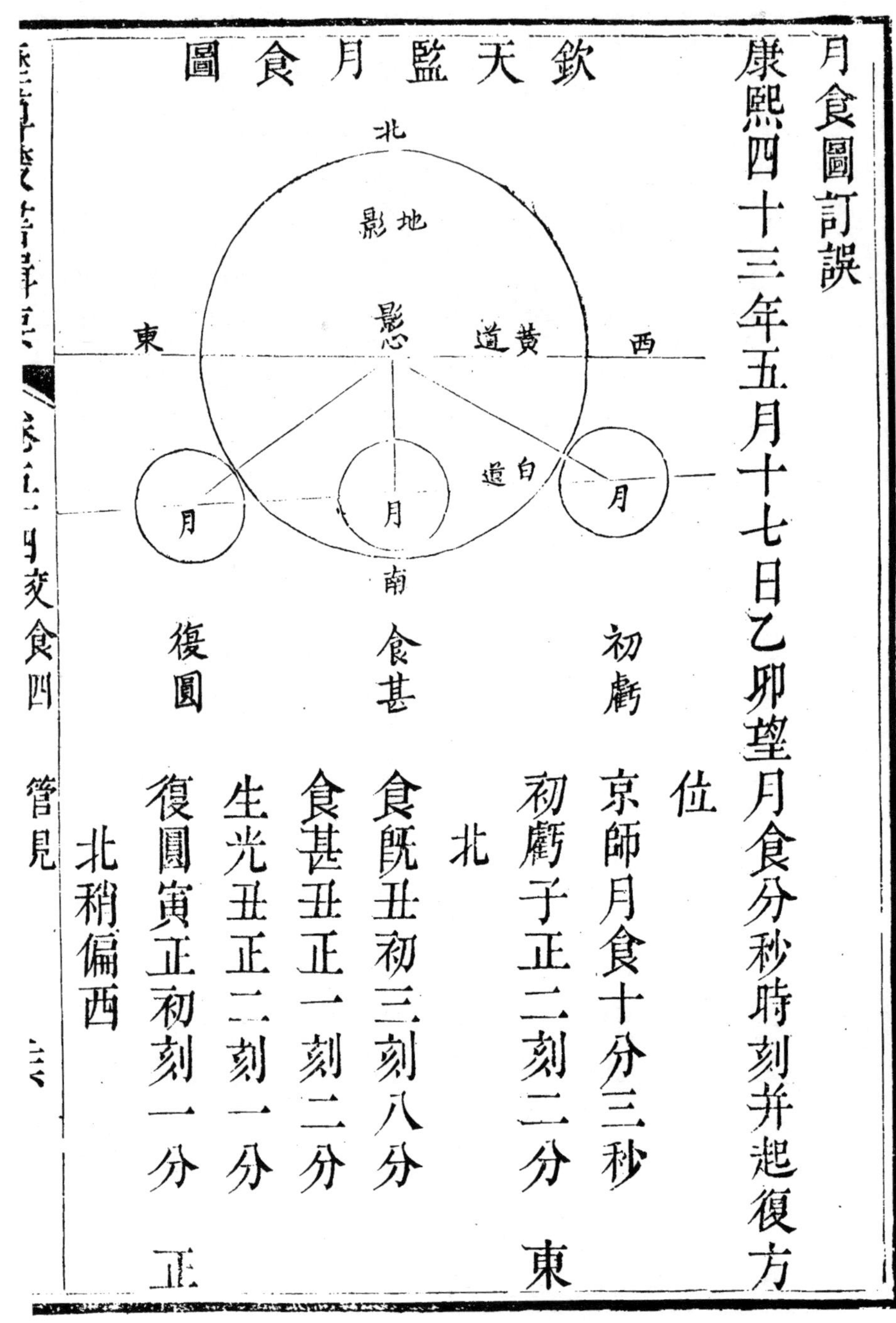

月食圖訂誤

康熙四十三年五月十七日乙卯望月食分秒時刻并起復方位

京師月食十分三秒

初虧子正二刻二分　東北

食既丑初三刻八分

食甚丑正一刻二分

生光丑正二刻一分

復圓寅正初刻一分　正北稍偏西

欽天監月食圖

交食四　管見

右計食限内凡十三刻十三分

按食限内共十三刻十三分折半得六刻十四分故以此減食甚時刻得初虧（自初虧子正二刻三分至食甚丑正一刻二分正得六刻十四分）加食甚亦得復圓（自食甚丑正一刻二分至復圓寅正初刻一分亦得六刻十四分）是虧至甚甚至復時刻適均也時刻所以適均者月行天之度均也然則作圖之法自當以食甚月體置於虧復兩限適中之處而不宜偏側矣今監頒蝕圖乃偏置於東若是則虧至甚月行之度分多甚至復月行之度少度既不均則時刻亦宜增減若時刻既無增減則圖之偏者必非正法矣

又按食既至食甚食甚至生光時刻亦宜適均與虧至甚甚至復之理無二（歷書本法虧復折半之數謂之食甚距分以減食甚得初虧若以加食甚得復圓其食既至生光折

半數。謂之食既距分。以減食甚。得食既。以加食甚。亦得生光。並無長短伸縮。今圖中所注食既至食甚時刻多。食既是丑初三刻八分。至食甚丑正一刻二分。計一刻。九分。食甚至生光時刻少。食甚丑正一刻。至生光丑正二刻一分。只十四分。相差十分何也。豈以食甚圖偏而自疑其法耶。不然何以若是。

又按交食表食甚距分。是一時四十四分。即監推六刻十四分。食既距分。是四十二分。實計二刻十二分。月食只十分。三秒食既生光不得有五刻九分之久。倍食既距分得八十四分。實五刻。九分。蓋覺其非是而棄表不用也。然表之數宜改。而其法不宜改。表自既至生光五刻九分。監推只二刻。八分。是改數也。歷書以距分加減食甚。得既與生光。而監推相差三分刻之二。是改法也。今改其數并改其法。不知何所見而云然也。

或疑月行有遲疾。自生光至食甚行遲。故歷時刻多。食甚至生光行疾故歷時刻少此亦說之可通者也然月之遲疾必以漸成決無於二刻八分中頓有十分之差月平行二刻八分只行天三分度之一而弱且食既生光既有遲疾之差初虧復圓何以獨無可謂進退失據矣

又按食甚云者以月於此時侵入闇虛獨深也則其距前後之時刻必爲折中均平之處也故月食未既者必於食甚時定其食分以此時所蝕之分最大也假如月食九分則惟食甚時能滿九分前後皆少食八分以下盡然是以謂之食甚若圖有偏側不得謂之食甚矣食未既時有食分以攷之食分最多時始爲食甚食既矣則食甚無可指惟賴食既生光時刻折半取中而今乃相差若此又何所據而爲食甚耶

又詳檢之。初虧至食既計五刻五分。食既至食甚計一刻九分。食甚至生光計十四分。不滿一刻。生光至復圓計六刻。無一相同。而遲疾皆不倫。初限較末限既先疾而後遲。初虧至食既五刻五分。是初限行疾也。生光至復圓整六刻。是末限行遲也。二限較三限又先遲而後疾。食既至食甚一刻九分。是次限行遲也。食甚至生光。只十四分。而不滿刻。是三限又行疾也。是初虧行疾限至食既而忽遲。食既行遲限至食甚而頓疾。食甚行疾限至生光以後而又遲。不識月轉遲疾有如此行度否乎。

歷算葊書輯要卷五十五

七政目錄

七政一　　　　　卷之五十五

七政細草補註
推日躔法
推月離法
推土木星法
推火星法附假如
推金水星法
推凌犯法
考節氣法

定合朔弦望法

求月入宫　月升法

求月孛羅計法

求五星伏見法

求五星退順入宫法

求五星留逆法

七政二　　　　　　卷之五十六

火星本法圖說

七政前均簡法

上三星軌迹成繞日圓象

歷算叢書輯要卷五十五

宣城梅文鼎定九甫注　　男　以燕正謀甫學
孫　瑴成玉汝甫較輯

七政細草補註

新法歷書之有細草。以便入算。亦猶授時歷之有通軌也。葢即七政蒙引而有詳略耳。然算者貪其簡便。而全部歷書或庋高閣矣。兹以歷指大意。櫽括而註之。使用法之意瞭然。亦使學者知其所以然。葢有所據。而不致有臨時之誤云爾。

推日躔法

先查年根。冬至後一日子正距冬至。隨錄本年高衝。年根子正高冲。後查日數。本日子正距冬至後一日子正之平行。隨錄高行。亦本日子正距冬至後一日子正之高行。高行加入高衝

書於高衝格內即本日高衝所在年根日數相加得平行即本日距冬至之平行

平行內減去高衝爲引數即得本日子正距高衝以引數查加減表相較用中比例得均數隨記加減號均數依號加減於平行即得細行人目所見視度細行內按宮度減宿次即得本日宿也

鼎按年根者冬至後一日子正之平行也日數者每日之平行也故相加即爲本日之平行

邵本云凡算宿鈐以戊辰年爲主每年加五十一秒所積之秒以六〇歸之加於宿鈐之內再與細行相減

高衝者太陽最卑點距冬至之度每年東行一分

推月離法

先查四年根獨正交行加六宮後查四日數俱年日相加得三

平行而正交年日相減爲正交平行」書本日太陽細行即按細行宫度查日差表得數記書加減號按數至時刻平行表内查得日差兩書之依號加減於平行總平行」引以平行引查加減表相較中比例得均數記加減號均數依號加減於平行總平行引即爲實行實行」引實行内減去太陽度爲月距日次」引以月距日次引同實行引宫度查表二三均數表相較得次均次均依號加減於實行即白道經度」邵本云即白經恒減以月距日次引查交均記加減號隨查大距」數交均依號加減於正交平行即正交經度正交經度加六宫即中交置白道經度内減去正交經度即月距正交」以月距正交查白道同升差表得同升差記加減號白道經度與同升差依號相加減爲黃道視行」以月距正交與大

距數查緯表。即黃白距度表得視緯減宿照日躔減法同

邵本云錄本日太陽細行而太陽恒減以太陽恒減查日差表記得數於旁加減號記於月離日差之旁次將所得之數查時刻平行表如查出之數只分秒耳即日差以兩平行與日差照號加減得平行總平引

又云以月距日次引查二三均表直行以實行查橫行所遇之處即得

如月距日次引過六宮減去然後查表

內行宮度順查外行宮度逆查而粗格所在即加減所分

按楊學山云月之二三均數以距日而生與五星歲輪同理但其行法却異於五星兼有又次輪附於次輪之上與次均

相消相長表乃二均三均之總數，故與五星次均表絕殊。其加減之句亦不以六宫而分。月之交均距限亦以距日而生，地谷以前無之也。

推土木星法

先查兩年根冬至後一日子正星距冬至及引數。後查正交行，再查日數。年根距冬至及引數之下各書日數。兩書之年日相加，得平行平引。年根距冬至引數各加日數，爲平行與平引，即所求本日子正。以平引查加減表相較例，中比。得均數，隨録中分。加減表中分。記書加減號。均數依號加減於平行，得實經。歲輪心所到。即書本日太陽細行，日躔條日數。於格。太陽內減去實經，即次引。本日星在歲輪距合伏。以次引查次均，隨得較分，亦相較例。中比。記書加減號。中較相乘，六十歸之，得三均。三均與次均恒加，即定均。將定均依次均號加減於實經卽視經（遲留逆伏之度）減宿照日躔減法同置實經於交行下內減交行卽得距交（所求日星距正交）以距交查中分之（緯表內中分）以次引（卽前所得歲輪上星距合伏）查緯限中緯相乘六十歸之得視緯定南北以距交宮度定之前六宮（一二三四五）號北後六宮（六七八九十十一）號南

按學山云五星三均恆用加者以歲輪心自最高至最卑次均皆漸大而表所列次均數乃置輪心在最高時算也五星加減表中分是從高卑立算緯度中分是從交點至卑交立算乃歷家簡括之法若依三角形算則不用中分矣

推火星法

先查兩年根（距冬至引數）隨錄正交行後查日數（兩年根之下各書日數）兩書

之年日相加爲平行平引。以平引查加減表相較中比例得均數。即書加減號均數依號加減於平行得實行實引。隨錄本日太陽細行太陽內減去實行得相距若相距過六宮則於實行內減去太陽得距餘滅距餘之半即得距餘半此係後六宮者若前六宮即將相距減去一半爲半距無距餘半。太陽內減去高衝改作對衝宮爲日引。從最高起加六宮即是以實引查距日及半徑以日引查日差半徑日差相加得星數。星數即歲輪半徑星數與距日距日即歲輪心距地相加爲總相減爲較以距餘半查八綫表即得半距切綫數與較相乘又以總數除之得數再查八綫表取相近切綫用之即得減弧半距於距餘半內恒減去減弧得次均。即看相距在前六宮者加歲輪上從合至冲後六宮者減從冲至合依號加減於實行即視行宿次照日躔減法同實行內減去正交即距交以距交查中分以相距（日星相距）查緯限（先定南北）緯有加減分距交在北者依號加減爲定緯限中分緯限相乘六十歸之得緯以距交定南北前六宮是北後六宮是南

按距日半徑俱以實引取之查各式並同天學會通亦同

按前六宮是自合伏至冲日後六宮是自冲日復至合伏皆以歲輪言

卲本於半距切綫下注云從距日至再查切綫俱逢十進之

按楊學山云火星半距總較切綫等用是斜三角形有一角二邊求餘角之法也五星皆可用惟日差星數火星所獨耳

推火星諸行假如（甲申年距根一百三十五日）

距冬至平行　查本星二百恒年表本年下距冬至橫行。一十一宮六度五十三分五十九秒。隨查日數。二宮十度四十五分。日數與年根并之得十一宮十七度三十九分。

引數平行　查恒年表本年下引數橫行。三宮七度五分二十七秒。日數與距冬至同。年根日數并之得五宮十七度五十分。

初均數　以引數平行查本星加減表得二度三十分四十二秒。其號順減。書減號於均數之旁。隨錄距日數。

距冬至實行　以均數之號爲加減。以本星平行內減去初均數得一宮一十五度。八分。

引數實行　以均數之號爲加減。以本平行內減去均數得五宮十五度十九分。

太陽　卽錄本日日躔細行。

相距　以太陽內恒減去距冬至實行。得二宮二十九度三十五分。

半距　卽以相距半之。若相距過半周。則借全周內減去相距全分。卽為距餘。再將其較半之。卽距餘半也。

日引　以本日太陽加六宮。減去日躔表內本年下最高衝。得十宮八度三十一分。

距日　以引數實行查加減表。得八九三七四。

按距日半徑。俱宜用實行。

半徑　以引數實行查加減表。得六三七一七。

日差　以日引查之。得一九一四四。

星數　以半徑恒加日差。得六四九八六一。

總數　以距日內加星數。得一五四三六〇一。

較　距日內減去星數。得二四三八七九。

半距切綫　以半距全分查八綫表正切綫。得九九二四七。

減弧　以較數與半距切綫相乘。得二四二〇四二五九一一三。又以總數除之。得一五六八〇。以此查正切綫。得八度五十五分。

次均　半距內恒減去減弧。得一宮五度五十二分。

視行　以實行內加次均全分。得二宮二十一度。

正交　查本星恒年表下。本年正交橫行。得四宮十七度十三分。

距交　以實行內恒減去正交。得八宮二十七度五十五分。

中分　以距交查首卷本星緯度。得六十分。

緯限　以相距查緯表。得一度二十九分。

視緯　以緯限數化作八十九分。與中分六十分相乘。得五千三百四十分為實。以六十為法除之。得八十九分。以六十分成度。得一度二十九分。

	距冬至			
	宮	度	分	秒
甲申年根	一一	〇六	五三	五九
日數二百三十五	〇二	一〇	四五	
平行	〇一	一七	三九	
均數		〇二	三一	
實行	〇一	一五	〇八	
太陽	〇四	一四	四三	
相距	〇二	二九	三五	
半距	〇一	一四	六七	
距餘半				
減弧		〇八	五五	
次均	〇一	〇五	五二	
視行	〇二	二一	〇〇	
宿				
正交	〇四	一七	一三	
距交	〇八	二七	五五	
中分		〇一		
緯限		〇一	二九	
視緯南		〇一	二九	

	引數			
	宮	度	分	秒
甲申年根	○三	○七	○五	五七
日數亘十五	○二	一○	四五	
平行	○五	一七	五○	
均數		○二	三一	
實行	五	一五	一九	
日引	一○	○八	三一	

	萬	千	百	十	零	○
距日	八	九	三	七	四	
半徑	六	三	○	七	一	七
日差		一	九	一	四	四
星數	六	四	九	八	六	一
總數	五	四	三	六	○	一
較	二	四	三	八	七	九
半距切綫	九	九	二	四	七	
減弧切綫	一	五	六	八	○	

推金水星法

先查三年根引數伏見。距冬至。後查太陽日數兩書之。即用爲星平行日數。兩書于引

數及距冬至下。金水距冬至平行。即再查本星表內日數。此
日躔表數也。金水以太陽爲平行之心。則
伏見平行　書於伏見行下年日相加得各平行」以引數平行查
之日數。
加減表相較。中比例　得前均。即書加減號。隨得中分。加減表前均中分。
依號加減於各平行。得實經。實引。獨伏見行下前均加減號反
用得伏見實行」反用均數加減伏見平行爲伏見實行。以伏見實行查二均亦相
較。中比例　書加減號。隨得較分。中較相乘。六十歸之。得三均。二均
三均恒加。即定均并均依號加減於實經。即視經」減宿與日躔
法同」實引內恒加十六度。金星正交在最高前十六度。即得次實引」正交即星距
以次實引查前中分。前緯表中分。以伏見實行查前緯限。中緯相乘。
六十歸之。記書南北號」其後中分。後緯表中分。後緯限。亦以距交查後中分。亦
照前緯查法同。以伏見實行查後緯限。亦書南北號。如前後緯號同者兩

緯相加俱南緯俱北緯則相加如號異者兩緯相減一南一北則相減即得視緯其南北以數大者定之若異號相減則以南緯大者命其減餘爲南北大者則命爲北水星照此推法同獨無次實引水星正交與最高同度即以實引爲距交

金水伏見行即土木之次引也

土木以星行歲輪心與太陽相減得次引者是星距日度即歲輪上距合伏之度

金水則伏見輪心即太陽無可相減故另有伏見之行

金水次實引即土木之距交也

因水星即用實引數爲距交故金星别之爲次實引然殊亂人目不若直名之距交

邵本查後中分後緯下有云必中緯同在一篇者方可用以

便定南北

學山云金水緯行獨有前後二表者以二星之緯皆由伏見輪而生而伏見輪小於黃道斜交側立旋居於本天之周作表須前後兩表以該之非星緯實有前後之分也

學山云金水伏見實行與初均加減號相反者以伏見輪心之角斜綫錯列適與初均成相反之勢故反加減之得星合伏眞度非伏見之行與本輪相反勿誤認表說

推凌犯法

月犯恒星以本年七政歷與恒星鈐表恒星經度及南北緯度月在上相距二度內取月在下相距一度內取之又以本日與次日之月視行相較化分爲一率日法一千四百四十分爲二

率恒星經度內減月經度之較化分爲三率二三相乘一率除之得凌犯時刻

月犯五星以本年七政查月與五星經度及南北緯度月在上相距二度內取月在下一度內取之次以本日之月視行內減次日之月視行取其較又以五星本日經度內減次日經度取其較視星順行者兩較相減逆行者兩較相加化分爲一率日法一千四百四十分爲二率以本日五星經度內減月經度爲月未及星之距化分爲三率求得四率爲凌犯時刻

五星犯五星以本年七政五星經度及南北緯度相距一度內取用五星各以本日經度與次日經度相減得較如俱順俱逆者兩較相減一順一逆者兩較相加化分爲一率日法一千四

百四十爲二率。又以本日五星經度兩相減之較化分爲三率。如法求得四率爲凌犯時刻。

五星犯恒星。以本年七政與恒星鈐表經度及南北緯度相距一度內取用。次以五星本日經度內減次日經度得較度化分爲一率。日法一千四百四十爲二率。又置恒星經度內減本日五星經度得較度化分爲三率。如法求得凌犯時刻爲四率。若五星退行者。以五星經度內減恒星經度爲三率。

月與星一度爲犯。十七分以內爲凌。同緯爲掩。　五星與星一度爲犯。三分以內爲凌。同緯爲掩。

視凌犯時刻在地平上者取之。若在地平下可勿推算。

定上下。以北爲上。南爲下。月緯星緯同在北。以月緯多者在上。

少者在下。月緯星緯同在南，則以月緯多爲在下，少爲在上。其兩緯相減。若星月一南一北，則以月南爲在下，月北爲在上。兩緯相加。

推月星凌犯密法

依本年七政歷并恒星鈐視恒星經度，及南北緯度。月在上二度内取之。月在下一度内取之。又以恒星經度内減本日之月視行得度，化分爲二率。以一千四百四十分爲三率。本日之月視行相減其較數，度分爲一率。二三率相乘，以一率除之，即得時刻。

一求太陽細行　以一千四百四十分爲一率。次日細行與本日細行相減，得較爲二率。凌犯時化分爲三

率二三率相乘一率除之得四率以四率加於本日細行得太陽細行

二求時分　以太陽細行查交食四卷內九十度表得時分太陽度過三十分進一度查表得數即是

三求總時　以時分及淩犯時刻午後減十二小時午前加十二小時滿二十四時去之餘爲總時即應時

四求九十度限　以總時查交食四卷表與時分相對者錄之得九十度限

五求恒星經度　置恒星經度

六求限高度　以九十度減距天頂之度分得限高度

七求月實引　置月離內月實引。

八求月距地半徑　以月實引查交食二卷表內得月距地半徑。部本作查交食表二卷內視半徑。

九求月實行　以月實引查交食二卷表內得月實行。

十求星距限　九十度限之宮度分內減星之經度宮度分。爲限大則星在西。若不及減，置星經度內減九十度限之宮度分爲限小則星在東。

十一求置正交經度　置月離內正交經度。

十二求較數　以正交經度內減九十度限宮度。若九十度限不足減，則加十二宮減之，卽得較數。

十三求眞高度　以較數查交食二卷太陰距度表得月實緯

分北加南減於限高度得眞高度六宮以上定北加以下定南減

十四求地平差

以眞高度并月距地半徑求地平差見交食九卷表

十五求時差

以地平差變爲高下差查交食表九卷及星距限度求時差

十六求較數

以眞高度置九十度減之餘爲較數

十七求氣差

以較數及月距地半徑求氣差交食九卷表內月距地半徑查上橫行以較數查右直行

十八求月實緯

以淩犯時刻化分爲三率本日之月緯度與次日緯度相較得數化分爲二率與淩犯化分相乘以二十四小時化分爲一率除之得

數加減於本日緯度視南北號順加逆減即月實緯若南北異號以兩數相加爲二率後除得之數用減本日緯度以次日之號定南北

十九求視緯

以月實緯度南加北減於氣差得視緯

二十求恒星緯

置恒星緯度分

廿一求月距星

月視緯北多定上月視緯南多定下以大減小一度以外不用得月距星如一南一北兩數相加

廿二求凌犯時刻

置凌犯時刻

廿三求定時差

以月實行分爲一率時差分爲二率六十分

爲三率。二三率相乘。一率除之。得四率。有六十分進一時。十五分進一刻。得定時差。

以定時差加減於凌犯時刻。即得凌犯視時。

廿四求視時

視星距限度。西加東減。

南北異號 月南在下。月北在上。兩數相加。

南北同號 同北南月緯大在上下。月緯小在下上。兩數相減。

按凡推月與五星及恒星凌犯。用此式較密。

攷節氣法 用變時表。依法查之更密。

凡半月一節氣。遇細行一十四度與二十九度。即是交節氣之日。次日細行與本日細行相減。減餘化秒爲一率。置六十分以本日細行分秒減之減餘化秒爲二率化二十四小時爲一千四百四十爲三率二三率相乘以一率除之得數即四率其分秒用六歸之收作時刻分　查節氣日差加減表在日躔二卷內。凡六十分爲一小時。若過半分作一分用。一百二十分爲一大時十五分爲一刻如不滿一刻作分算時自子正起算

二十九度與次宮〇度相較爲氣

十四度與十五度相較爲節

查二至限法

以二至度爲主加以本日太陽經度未滿宮度之餘分即是二至限　如冬至日經度爲二十九度二十五分即三十五分爲未滿之餘分也　而本日宿爲箕三度三十五分加三十五分則爲冬至

限在箕四度十分。

假如五月初十日太陽在申宮二十九度二十三分。宿在觜十度十二分。

問曰夏至限係何宿度分。　答曰觜宿十度四十九分。

假如十一月二十日太陽在寅宮二十九度十五分。宿在箕二度五十六分。

問曰冬至限係何宿度分。　答曰箕宿三度四十一分。

假如正月十四日太陽在子宮十四度二十二分八秒。十五日太陽在子宮十五度二十二分三秒。

問曰立春係何時刻。　答曰申初初刻十分。

假如二十九日太陽在子宮二十九度三十一分二十五秒。

三十日太陽在亥宮初度三十一分十四秒。

問曰雨水係何時刻。　荅曰午初一刻六分。

定合朔弦望法

合朔　以月距日次引滿十一宮二十餘度。此日即合朔也。滿十二宮即。宮是合朔之次日也。

求合朔時刻凡星同度法同

以本日太陽與次日太陽相減得較數另記。又以本日之月視行與次日之月視行相減得較。仍以兩較數相減得數化分爲一率。以一千四百四十爲二率。又置本日太陽減去本日之月視行得數。即月不及日之度爲三率。二三相乘一率除之得數。再以六十分收之爲時。餘以十五分收爲刻。即得時刻及分。

假如正月初一日。太（陽／陰）在子宮（十四度十五分二十秒。／十度二十三分十二秒。）

初二日。太（陽／陰）在子宮（十五度十四分六秒。／二十三度三十分三十一秒。）

問曰。合朔係何時刻。　答曰。辰初二刻八分。

相望　亦以次引滿五宮二十度之上。將近六宮。卽是望也。到六宮。卽望之次日也。

求弦望時刻

以本日與次日太陽之較。及月視行之較。相減化分爲一率。以一千四百四十爲二率。又置本日之月視行內減去本日太陽。其餘宮度分上弦輳滿三宮。望輳滿六宮。下弦輳滿九宮。將輳滿之數化分爲三率。二三相乘。一率除之。得數再以六十收之為時刻分。

假如十六日太陽在戌宮十五度十六分九秒。太陰在辰宮六度三十分二十一秒。

十七日。太陽在戌宮十六度十五分十六秒。太陰在辰宮十八度二十九分三十五秒。

問曰。望係何時刻。　荅曰。戌初初刻七分。

上弦　以次引二宮二十餘度將近三宮即上弦也。若滿三宮。即為上弦之次日也。

假如初八日。太陽在亥宮八度三十四分八秒。太陰在申宮七度五十八分四十秒。

初九日。太陽在亥宮七度三十四分二十秒。太陰在申宮二十度五十五分十六秒。

問曰。上弦係何時刻。　荅曰。丑初初刻十分

下弦　以次引八宮二十餘度將近九宮即是下弦也。若九宮一二度。即下弦之次日也。

假如廿三日太陽在酉宫二十一度十一分二十秒。太陰在子宫十一度三十三分六秒。

二十四日太陽在酉宫二十二度八分十六秒。太陰在子宫二十五度二十八分三十秒。

問日下弦係何時刻　答曰酉初三刻四分

求月入宫法

以次日宫度分內減去本日宫度分餘度分化分爲一率本日未滿整宫之餘度分亦化分爲二率一千四百四十爲三率二三率相乘一率除之即得時刻

假如正月初七日太陰在戌宫十八度三十一分。初八日太陰在酉宫一度二十四分。

問曰月入宫係何時刻　答曰亥初一刻八分入酉宫。

求月升法

以朔日之月離宫度定之

子宫十五度至酉宫十五度爲正升。酉宫十五度至未宫初度爲斜升。未宫初度至寅宫十五度爲横升。寅宫十五度至子宫十五度爲斜升。

假如正月初一日月在丑宫十八度四十六分。

問曰月係何升。　荅曰係斜升。

求月孛羅計法

以本年所推月離稾内每月初一十一二十一三日月孛實行。正交經度中交經度内減本年宿餘減宿即得三宿分。

假如正月初一日月孛實行在巳宫八度四十四分。

本年宿鈐在巳宮一度八分爲張宿。

問日月孛係何宿度分。　答曰張宿七度三十六分。

求五星伏見

土木火三星與太陽合伏後爲晨見。合伏前俱稱夕。

與太陽衝後爲夕見。　衝前爲晨。蓋星行遲。太陽行速故也。

金水二星順行與太陽合伏曰夕。　逆行合伏。曰晨。

假如土星四月十九日合伏。

問曰。土星合伏前後應晨應夕見與不見。

答曰。合伏前係夕不見。合伏後係晨見。

假如水星五月十二日與太陽衝。

問曰。太陽衝前衝後應晨應夕見與不見。

畣曰。衝前係夕不見。衝後卽晨見。按水星不衝日。今云爾者。當云退合伏前係夕不見。退合伏後卽晨見。蓋退合亦衝之屬也。

求五星衝伏同度時刻法

兩星各以次日行與本日行相減。得較。兩較相加減爲一率。同順同逆。兩較相減。一順一逆。兩較相加。兩星相距爲二率。一千四百四十爲三率。二三率相乘。以一率除之。得時刻。

假如正月十八日。土星在子宮二十六度四十九分。水星在子宮二十六度三十三分。

十九日。土星在子宮二十六度五十六分。水星在子宮二十八度一十七分。

問曰。土水二星係何時同度。

畣曰。寅初三刻十二分。

假如正月二十五日。太陽在亥宮二十八度三十分。水星在亥宮二十八度四十二分。

二十六日。太陽在亥宮二十九度三十分。水星在亥宮二十七度四十二分。

問日水星係何時與太陽合退伏　畱日丑正一刻九分

二十日太陽在丑宮三度二十六分土星在未宮四度十分

假如廿一日太陽在丑宮四度二十四分土星在未宮四度六分

問日土星係何時與太陽衝　畱日酉初初刻一分

假如二十八日太陽在子宮二十七度三十分木星在子宮二十七度五十五分

二十九日太陽在子宮二十八度三十分木星在子宮二十八度二分

問日木星係何時與太陽合伏　畱日午初一刻四分

求五星退入宮法

本日度分內減去次日度分其較為一率本日餘分為二率度以上不算止用餘分一千四百四十為三率二三率相乘以一率除之得時刻

假如二十六日金星在戌宫初度三十二分。二十七日金星在亥宫二十九度三十八分。問曰金星係何時退入某宫。答曰未正初刻十三分退入亥宫。

求五星順入宫法

以次日宫度分內減去本日宫度分。餘度分化分爲一率。諸法俱與月入宫法同。如退入宫者。則於本日宫度分內。減去次日宫度分。得數化分爲一率。以日法爲二率。即以本日初度分爲三率。依法求之。

假如正月初三日水星在丑宫二十九度四十六分。初四日水星在子宫一度三十五分。問曰。水星係何時刻入某宫。答曰寅初初刻四分入子宫。

求五星最高卑中距法

凡三宮九宮爲中距。○宮爲最卑。六宮爲最高。

火金水三星以實引次實引査。土木星以平引査。

假如土星平引在四宮八度二十分。

問曰。從何限之上下行。答曰。中距下行。

求五星留逆法

凡五星經度。自一度二度而行者爲順。如從十五度十四度而行者爲逆。本日係十度五分。次日仍十度五分者爲留第三日係十度六分爲留順初。如係十度四分三分爲留退初。

求五星伏見法

以天球安定北極出地。如四十度。求晨在東地平上。用本日太陽距星之數。求夕在西地平上。用次日太陽距星之數。以太陽所在之宮緊挨地平。又看此日之星宮度相距太陽之遠近。又用鈌規矩。較星距太陽之定限。如土星定限距太陽十一度。本星定限距太陽十度。火星定限距太陽十一度半。金星定限距太陽五度。水星定限距太陽十一度半。以鈌規矩較定之限。挨地平視星所在之宮度及緯南緯北之度。視其在限之內外。限之內者爲不見。限之外者爲見也。

各省直北極出地及節氣早晚。月食同用。

終

歷算叢書輯要卷五十六

七政二

火星本法圖說

熒惑一星最爲難算至地谷而其法始密圖表具在可攷而知也何嘗云火星天獨以太陽爲心不與餘四星同法乎作歷書者突發此語遂令學者沿譌是執圖以觀圖而不以算理觀圖也不知歷算家有實指之圖有借象之圖地谷氏之圖火星所謂借象也非實指也錢唐友人袁惠子士龍受黃三和先生弘憲歷學以歷指爲金科余故爲作此以極論之而徵之切綫分角之法以著其理袁子虛懷見從已復質諸睢州友人孔林宗與泰亦以爲然而手鈔以去又旁證諸穆氏天步眞原王氏曉

菴歷法大旨亦多與余合。

據歷指萬歷癸丑年。太陽在降婁宮十四度半。地谷測火星體。會合於井宿第五星。

經度爲鶉首四度半。　緯度在黃道北二度十一分。

火星平行在壬。　距冬至二百一十七度半強。

火星最高在丙。　引數自丙歷丁至壬三百三十八度半弱。

圖說　乙爲地心。　卽爲各天平行之心。亦黃道心。　大圈爲火星平行之天。　內圈爲太陽平行天。皆以地爲心。其度皆應黃道。　太陽在本天。自春分壁向婁順行。　火星歲輪心在本天自丙過丁至壬順行。　太陽行速。而火星行遲。今太陽在後。火星在前。是太陽與星。巳過相冲之度。而從後逐星也。　火星在歲輪上。亦自戌順行過亢至申。合伏時星在戌，衝日時星在亢，今在申。是星已過衝日之限而復向合伏也。太陽距星實行爲婁張弧。

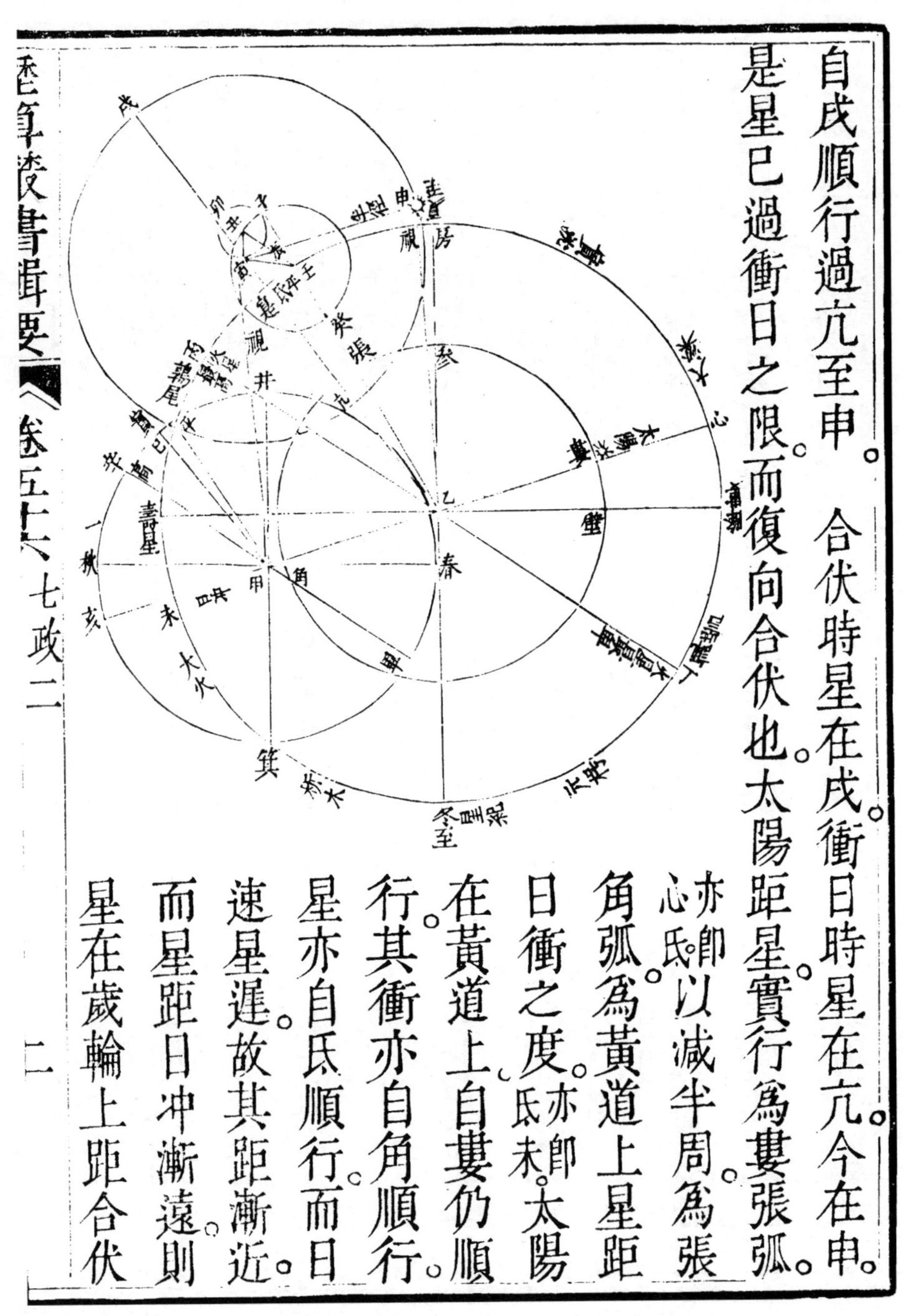

亦即心氐以減半周爲張角弧，爲黃道上星距日衝之度。亦即氐未。太陽在黃道上自婁仍順行，其衝亦自角順行。星亦自氐順行，而日速星遲，故其距漸近。而星距日冲漸遠，則星在歲輪上距合伏亦漸近。距冲日亦漸遠。其歲輪上漸遠漸近之度。皆與黃道上距度相應。然黃道上婁張是日在後追星。歲輪上是星向合伏。申戌黃道上日冲度漸離星。角張歲輪上是星離冲月。申六

本法以平行壬爲心作子癸小輪。自最高子過癸左行。爲引數之數至丑。又以丑爲心作卯辰小均輪。自辰最近右行過卯歷寅復過辰歷卯至寅。爲引數之倍減去全周得歲輪之心到寅。　先以丑寅壬三角形求得丑壬寅角及壬寅綫。　次以寅壬乙形求得寅乙綫爲歲輪心距本天心之數。　又求得壬乙寅角爲平行實行之差。卽前均也。因在後六宮其號爲加得寅乙申角爲實行視行之差。

此以上歷書之法並同。以下則異。

次以寅爲心作歲輪戌申亢圈也戌爲最遠合伏之度也亢爲最近冲日之度也今太陽在降婁火星在鶉首是已過冲日之度而日反在後以逐星也其日星之距爲降婁至鶉首之度在歲輪上則爲申戌弧乃星行歲輪未至合伏之度也歷家謂之距餘蓋順數自戌合伏過亢冲日至申爲距合伏行度以減全周得申戌爲距餘以申戌減半周得申亢弧爲已過冲日之度即申寅亢角或申寅乙角末以申寅乙三角形求申寅半徑

此形有先求得寅乙距心綫又有申乙寅角爲先測火星視行與所算實行之差度有申寅乙角爲歲輪上已過冲日之度有兩角自有寅申乙角法爲申角之正弦與乙角之正弦若寅乙綫與申寅綫也此以測得視差而求半徑若先有申寅半徑而無視差度求乙角者則以切綫法求之以

申寅邊乙寅邊并之得戌乙爲總數一率又以申寅減乙寅得亢乙爲較數二率以申戌弧度半之爲距餘半求其切綫爲三率法爲總數與較數若半距餘角即半總角之切綫與半較角之切綫也求得四率查切綫得其度以減距餘半之度餘爲申乙寅視差角乃以視差角減實經爲視徑已過日冲其差爲減

此本法也歷書所載求法得數並同而其圖迥異蓋巧算耳下文詳之

歷書之法亦是用兩角一邊以求餘邊星過日冲弧度是一角測得視行與實行之差角是一角算得寅乙距心綫是一邊今以法取歲輪半徑爲所求一邊然不正作申乙寅爲視差角而反作乙寅甲爲視差角故亦不正作申寅乙爲星過冲日角而作寅乙甲爲星距冲日角然則用本法者惟寅乙距心一綫

耳。

然既有寅乙綫爲主。又有寅乙甲爲星距日冲度。有乙寅甲角爲視差度。則乙寅甲三角形。與申乙寅三角等。而甲乙邊必與申寅半徑同矣。此倒算捷法與加減差法。不作角於心而作角於邊。同一樞軸也。

其法以先得寅乙綫。爲三角之底。其兩端各作角。即先得兩角。各引其邊遇於甲。則甲乙爲半徑。寅甲亦即爲星體距心。與申乙之距同矣。

又太陽心在降婁。其冲未在壽星。星實行在氐。氐未弧爲氐乙未角。即星實行已過日冲之眞距也。正與歲輪上申亢弧度等。故用氐乙未角。爲黃道上星距日冲之度。與用歲輪上申寅亢同。此爲借象之一根。

然又以甲爲地心。而作圈周分十二宮。何也。曰此則借象也。其法妙在作甲巳綫。與寅乙平行。何也。先依寅乙綫作三角形。其寅甲原與申乙平行。今巳甲又與寅乙平行。則寅甲巳角與申乙寅角等度。而且等勢矣。寅甲綫斜交於寅乙及甲巳兩平行綫中。則所作寅甲巳及甲寅乙兩角等。寅乙綫斜交於申乙及寅甲兩平行綫中。則甲寅乙與申乙寅角亦等。而寅甲巳角與申乙寅不得不等矣。角之度既相等。而寅乙綫卽原用之綫也。今巳甲與寅乙平行。故不惟等度。而且等勢也。由是而自甲心作春秋分橫綫井箕直綫。卽與乙心所作大圈上降婁壽星橫綫及冬夏至直綫。悉爲平行而等勢。橫與橫平行。直與直平行。則其勢等。於是而勻分十二宮。卽無一不與乙心所作大圈等。十二宮既與大圈等勢。而寅甲巳角又與大圈之申乙寅角等度等勢。則巳甲綫卽指星實行度。寅甲綫卽指星視行度。而可以命其宮度不爽矣。推此而辛甲爲星最高指綫。及作平行綫於巳甲實行之內。一一皆眞度矣。

又以乙爲太陽體何也。曰太陽實行降婁宮度。原在大圈。其離降婁之度爲乙角。今太陽指纔過乙至甲。則甲角與乙角等度。而乙點在次圈上。甲心所作之圈。距春分之度與大圈等。圈有大小而角度等。即太陽眞度。可以命之爲日矣。

乙既命爲日。則次圈可命爲太陽所行之天。而乙心所作大圈。以太陽之冲處割小圈。有火星行歲圈最近侵入太陽天內之象。故遂以大圈命爲星行之圈也。又寅乙甲角。原爲星距日冲之度。與申寅乙角同。而甲己既與寅乙平行。甲未即甲乙之截綫。則己甲未角又與寅乙甲角同。而己亥弧與歲輪上申亢同。爲星距日冲之弧。

此一圖也。有歲輪半徑之數。甲乙有火星實行視行差度。寅甲己角有周天宮度。有太陽度。及火星最高卑度。又有火星行最近入太

陽天內之象可謂簡而該巧而妙矣非地谷精於測算神明於法不能爲也

然則何以謂之借象曰以其一圖而備數端故知之也何以言之甲乙者歲輪之半徑也不得與日距地心同數一也寅乙距心之線從兩小輪求出而兩小輪在火星本天是從乙心起算不從甲心起算二也因寅乙距心之線以得視差之角亦爲乙心之角非甲心之角三也若甲眞爲地心則與乙太陽有距數太陽乙心所見之差角至地心必不同觀四也視行實行之差角爲地面實測非乙心之數不得兩處悉同五也又大圈既爲本天而侵入太陽天內則將爲歲輪之心若冲日之時歲輪心既在太陽天內星又在歲輪最近將越過地心如金水之退伏

合而不得冲日矣。六也。由是觀之，此圖但爲借象巧算之用，而非以是爲真象也。或者不察，遂真以乙爲日體，則死于古人句下矣。

或問：五星新圖亦以火星天用太陽爲心，而冲日之處割入太陽天内，又何以説焉？曰：火星之行圍日而能割太陽天者，乃歲輪上周行之跡耳，非本天也。蓋火星本天在太陽之外，能包太陽之天，因歲輪之行，合伏時在歲輪之頂，去太陽益高，合伏以後，離太陽漸遠，則行於歲輪中半，與本天齊，及其冲日，則行歲輪之底，而在本天之内，去地益近，其去地益近者，爲日所攝也。此理五星所同，故土木火三星皆可爲圍日之象，今新圖五星不以地爲心者是也。火星則歲輪最大，冲日時稍侵入太陽之

天其實歲輪之心仍係本天在太陽天外耳

七政小輪周行於天遂成不同心之圈歲輪周行於天成圜日之形一而已矣

今以實數攷之火星歲輪半徑約爲本天半徑十之六其合伏時則兩半徑相加成十六冲日時兩徑相減只餘十之四其侵入太陽天內約爲一二分則太陽天半徑只得火星天半徑十之六有奇而火星合伏時在太陽上約爲十分冲日時在太陽下亦約十分而成圜日之形矣是故以日爲心者歲輪上星行之軌迹也非本天也圖見下

火星歲輪上軌迹圜日之圖土木二星因歲輪之度而成圜日之形與此同理但其天更大而歲輪小故不致侵入餘星之天

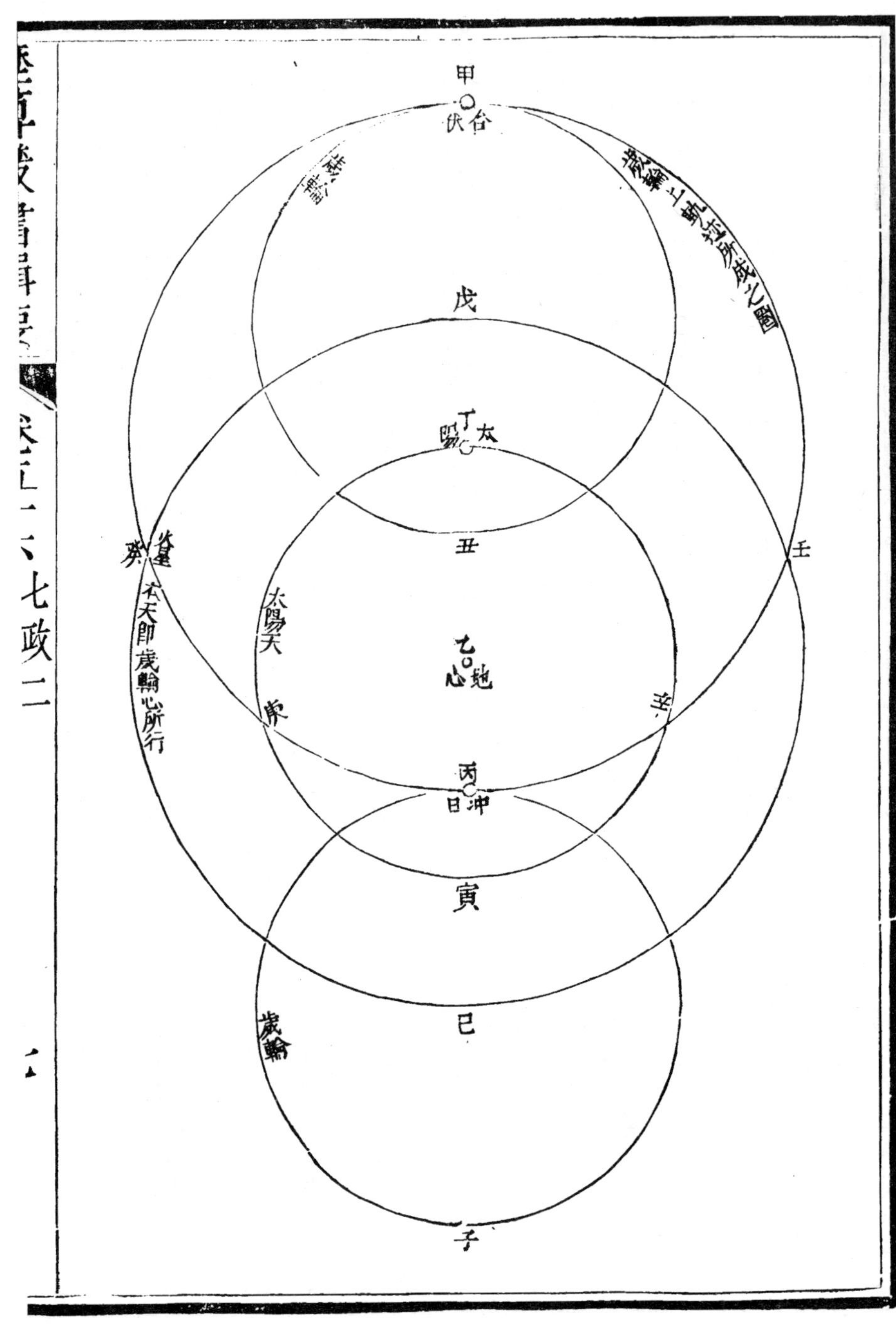
歲輪上軌跡所成之圖
甲
合伏
戊
丁
太陽
丑
癸
壬
本天即歲輪心所行
太陽天
乙
地心
庚
辛
丙
沖日
寅
巳
歲輪
子

丁庚寅辛爲太陽天。戊癸巳壬爲火星本天。甲丑歲輪以戊爲心。丙子歲輪以巳爲心。丁爲日體。甲丙皆星體。甲癸丙壬爲歲輪上星行軌迹。成一大圈。而以丁日爲心。星天日天各有小輪高卑。其本天則皆以地爲心。

星在歲輪甲爲合伏。而去地極遠。星在丙爲冲日。冲日之時。庚丙辛弧割入太陽天庚寅辛之內。而去地極近。

星在歲輪丙時。已割入日天。然歲輪心則在本天。已若如衆說。以割入日天內者爲本天。則冲日時當以丙爲歲輪心矣。而星在歲輪之上。又當向日。豈不越地心乙而過之乎。必不然矣。

火星次均解

火星次均用切綫求歲輪。上視差角乃三角法也。

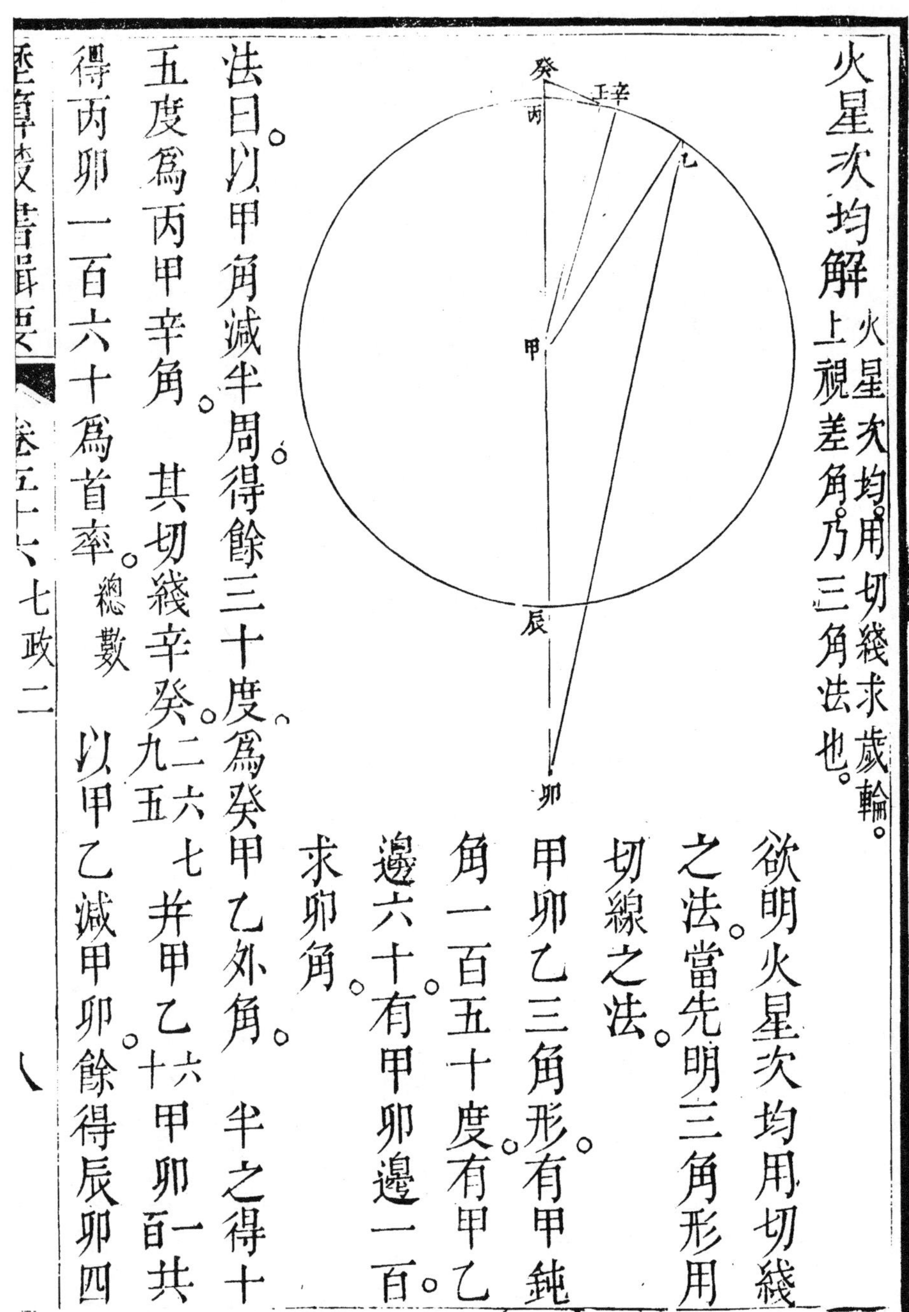

欲明火星次均用切綫之法。當先明三角形用切線之法。

甲卯乙三角形有甲鈍角一百五十度有甲乙邊六十有甲卯邊一百求卯角。

法曰。以甲角減半周得餘三十度爲癸甲乙外角。　半之得十五度爲丙甲辛角。　其切綫辛癸。二六七九五　并甲乙六十甲卯一百共得丙卯一百六十爲首率。總數　以甲乙減甲卯。餘得辰卯四十爲二率。較數 半外角之切綫辛癸爲三率。二率乘三率爲實。首率爲法除之。得辛壬六六九八爲四率。卽辛甲壬減弧之切綫也。以四率查切綫表。得三度五十分弱。爲辛甲壬減弧角。

以所得辛甲壬減弧角三度五十分。減半外角十五度。餘壬甲丙角十一度一十分。卽卯角也。

今以火星言之。丙乙辰圈則歲輪也。甲爲歲輪之心。丙甲辰卯過心綫。卽星實行度分也。卯爲本天之心。甲卯者距心綫也。卽表中距日數。甲丙甲乙甲辰。皆歲輪半徑也。卽表中半徑。合日差而成星數也。先以前均求到星之實行在甲矣。然此歲輪之心而非星也。星則自丙合伏順行。過辰冲日。而漸近合伏。其體在乙。則丙辰乙爲星在歲輪上行之度。與星距太陽實行之度相等。即相距度也。乙丙則距餘度半之爲辛丙則距餘半也。　乙辰弧爲星已過冲日之度則甲角度也。

今已知歲輪心實行之度。又已知星在歲輪上行之度。所不知者。視差角耳。蓋自本天心卯作實行綫過甲心至黃道。又從卯作視行綫過乙星體至黃道。其差爲卯角。是故求次均者。求此卯角也。

用上法。以距日即距心。爲一邊。甲卯以星數爲一邊。甲乙以星行過冲日之度即乙辰弧。爲一角。甲角成甲卯乙三角形。依上法得卯角。即次均也。

一率　距日與星數之總。即甲卯并甲乙。亦即甲丙。

二率　星數減距日之較。即辰卯

三率　距餘半之切綫。即半外角之切綫辛癸。

四率　減弧之切綫。即辛壬。其角爲辛甲壬。

末於辛甲丙距餘半角內減去辛甲壬角。減弧餘成壬甲癸角。與卯角等。得視差之度。如所求。

三角形用切綫分外角之法。詳平三角舉要。

火星測算本法圖説明歷書之倒算

歲圈半徑六四七三八甲乙

查加減表八宮十九度四十分。半徑數六四〇八七三

太陽引數星紀二十三度加六宮爲六宮二十三度。日差一〇一六。相並得六四一八八爲星數。與所測微差。若用實引

得半徑六四四二五其數益相近。

距心數九九六九七寅乙

平引八宮二十九度四十二分二十秒

加均數一十〇度三十三分三十秒

實引九宮〇〇度一十五分五十秒

查加減表八宮十九度四十分距日九九七〇一〇。所差不多。

若用實引則距心一〇一六七四差稍大。然按圖用乙寅綫。宜用實引。

圖說

本宜用寅點爲歲輪之心。以寅乙申角爲歲輪上視差角。即寅未弧也。寅申綫則歲輪之半徑也。此爲本法。

今歷書所載地谷圖。不於寅心作歲輪圈。而以甲爲心。蓋因戊寅亥角與寅乙申視角同度。切綫法。用此角以代乙角。而甲寅乙角者戊寅亥之交角也。凡交角皆同大，則甲寅乙角亦即寅乙申視角矣。既以甲寅乙角爲所測視角，則乙點即可爲歲圈之心，而甲乙寅角可代乙寅申角矣。故以歲圈上星過冲日之度，冲日即近點，亢星過日冲即乙寅申角，亦即亢申弧。移作寅乙甲角，自乙歲圈心依角度作乙甲綫，與寅甲綫遇於甲，先有乙寅甲角，自有寅甲綫。則甲點即歲輪上星所到度，可代申點，而甲乙即歲輪半徑，可代寅申矣。故以甲乙綫爲半徑者，巧法也。

然則當以乙爲歲輪之心，用代寅點矣，何又以甲爲心乎？曰：甲乙既爲半徑，則以乙爲心，甲爲界，或以甲爲心，乙爲界，其半徑等爲甲乙也。故倒以甲爲心，其法與諸加減表說作差角於圈界者同也。先倒作均角於寅界法同。西術中貫用此倒算之法。

然則以甲爲地心何也曰此則其移人耳目之法也何以言之彼固言甲乙爲歲輪半徑矣又以甲心乙界之輪爲歲輪矣甲既爲歲輪之心又安得爲地心乎

然則地心安在曰以理論之仍當以乙點爲地心耳何也星之實經在寅其視經在未寅未之弧戌寅乙未角此固實測之度也實測差角從地上得之安得不以乙爲地心乎若謂乙爲日體則日之去地遠矣日體所見之差角與測所見之差角必有分也而今不然故不得以乙心徑爲日體也

非地心而地心之何也蓋所以使人疑也其使人疑奈何歲輪心之非地心易見也乙點之非日體難知也以其所易見例其所難知疑則思思則得矣

地心既非地心，則日體亦非日體，然則其中機彀固已示之矣。

又論曰：借甲爲地心，妙在作戊巳綫與乙寅平行。蓋甲巳既與乙寅平行，則巳甲寅角即甲寅乙角，亦即寅乙申均角，而甲地心所作之十二宫度，一切皆與乙心所作之度相應矣。此用法之巧也。

先以乙寅甲角代寅乙申視角，而取甲乙綫以代寅申半徑，是倒算也。復以甲爲心，乙爲界，作歲圈，以甲心代乙心，亦倒算也。兩番倒算，而倒變爲順，故甲可代乙爲地心，即本天心也。而甲巳綫與寅乙平行，即地心所指實行之度也。巳甲寅角即視差角也。寅甲綫即視行，指綫與申乙同也。故天度皆應，可作十二宫分細度也。

若於乙作歲圈則但能得半徑而十二宫之向皆反矣故借甲為心法之巧也

又取甲為心影出火星能入太陽天之象其實火星入太陽天者乃其歲輪上度非歲輪心也若眞以此為歲輪心則火星體將過地心而與日同度如金水矣

又用甲為心作十二宫則細度可不礙書若用本法則有兩小輪各綫相襍而不能詳書細數故移乙心於甲移寅乙申角為己甲寅角也嗚呼可謂巧之至矣但未說破故後學遂妄為作解耳

論曰既火星初均在寅卽當以寅為歲輪心而今不然何耶曰此巧算也甲寅乙角卽寅甲己角也何也甲己與乙寅平行也

即均角也又乙寅者歲輪心距日數也乙甲者半徑也寅乙甲角者先有之角即星日相距之餘數也即已過日冲之度本法以距日數及半徑爲兩邊與先有之角求均數角今先測得均角而無半徑故反用其法以求半徑法之巧也蓋先有兩角一邊而求餘邊之法也

一率　甲角之正弦　有乙寅兩角自有甲角

二率　乙寅邊　即距日數實爲歲輪心距本天心

三率　寅角之正弦　即均角乃所測視行與實行之差度

四率　甲乙邊　即歲輪半徑包有日差在内

由是言之甲乃歲輪心耳非地心也若甲眞爲地心則甲乙非歲輪半徑矣

火星次均解　查火星歲輪半徑與本天半徑略如六與十。宜即用爲比例作圖則所得均角亦近。後數係初稿存例。非火星正用。

圖說　乙甲卯三角形。有甲角一百二十度。有甲卯邊一百。乙甲邊四十一。求卯角。　乙角。　乙卯邊。

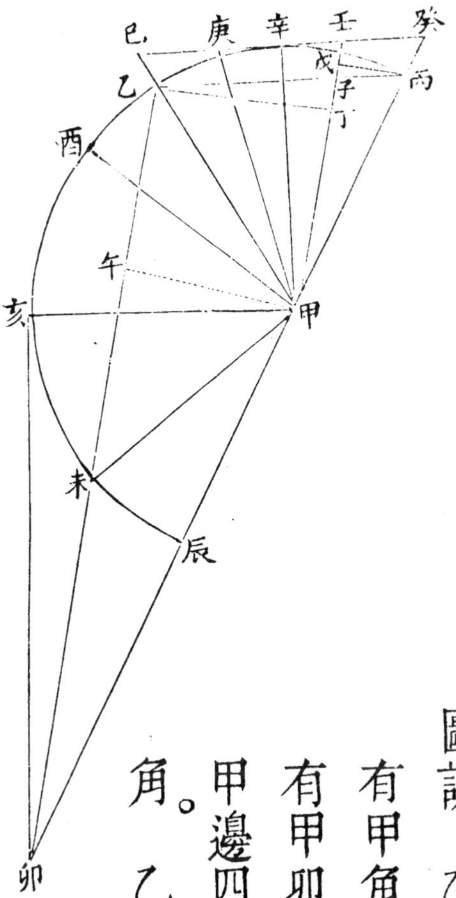

法曰。以乙甲甲卯二邊并得一百四十一爲總。即丙卯爲一率。又相減得五十九爲較。即辰卯爲二率。　丙甲乙外角六十度

半之得三十度（即辛甲丙角）。其切綫五七七三五（即辛癸）爲三率。求得（辛壬）二三九八八爲四率。查表得十三度二十九分四十秒，收作三十分。（即辛甲壬角）以辛甲壬角減半外角（辛甲丙角）得壬甲丙角十六度三十分，即卯角也。

又以辛甲壬角加辛甲丙（即辛甲已）得壬甲已角四十三度三十分。（亦即甲乙卯角）末以甲乙卯角四十三度三十分之正弦六八八三五爲二率，乙甲四十一爲三率，全數爲一率。法爲全數與乙角之正弦若乙甲與甲午也。得甲午。

又甲乙卯角之餘弦七二五三七爲二率，乙甲四十一爲三率，全數爲一率。法爲全數與乙角之餘弦若乙甲與乙午也。得乙午。

用句股法以甲午冪減甲卯冪餘數開方得數爲午卯。乃并乙午午卯共爲乙卯邊。

一系甲卯如火星距心綫。即表中距日數。甲乙即如火星歲輪半徑。即表中半徑加日差爲星數之數。丙甲乙外角即如火星行歲輪上離合伏之度。即日星相距度丙甲辛角即如火星半距度。辛卯其切綫壬甲辛角即火星減弧。壬辛其切綫卯角即均角。

一系丙點如歲輪合伏度。甲爲歲輪心。卯爲本天心。丙甲卯綫即歲輪星平行綫。

一系丙卯乙均角在前六宮是平行綫。東爲加。

一系歲輪上加減以卯亥切綫所到爲限。自丙點以至亥點距合伏度漸從小至大。其均度漸增過亥點至辰冲日距度漸從大至小均度漸減蓋距合伏度大則半距亦大反之則小也。

一系星行歲輪過亥點則距度大而減弧更大故均數漸減。

如圖星行至未成甲未卯三角丙甲未外角半之于酉而壬甲酉爲減弧其得均角卯與星行在乙等。

若欲知未甲辰角法用三率求之。

一率　甲未邊　　三率　甲卯邊

二率　卯角正弦　四率　未角正弦

既得未角以并卯角而減半周其餘即甲角也。

星行到乙與星行到未同以卯角爲均度。

七政前均簡法（訂火緯表說。因及七政）

西法用表如古法之用立成。不得其立表之根。表或筆誤。無從訂改矣。故有表說以發明之。然或表說所用之數有與表中互異者。則是作表者一人。作表說者又一人也。余因查火星之表而爲之推演。然後知立表之法甚簡。洵乎此心此理。不以東海西海而殊。

算火星前均及距地心綫用簡法。　依表說用兩小輪圖。

設平引三十度。依表說算得均角四度五十分。加減表四度五十分七秒。　表說差七秒。

今用簡法。得四度五十分十秒。　只差三秒。

表說又算距心一十○萬九千九百○三。加減表是一十一萬

○○二十三差十萬分之二百一十。數見表首卷第四章。稱爲火星年歲圈心距地心之數。

今用簡法。得一十一萬○○一十九。只差十萬分之單六。

又原法用句股作垂綫以求角求邊。

今用簡法。以半外角切綫乘兩邊之較爲實。兩邊之總爲法除之。即得半較角。以減半外角。即爲均角。工力較前省半。

其小輪上加減之角。用小輪半徑四與一之比例乘除。工力尤省數倍。

求邊之法。只用對角之正弦比例。工亦省半。

竊意立表時。當是用此法。

凡諸表數。或是西人成法翻譯成書。或是歷局依法算演。俱不可攷。然是入用之數。當以爲主。

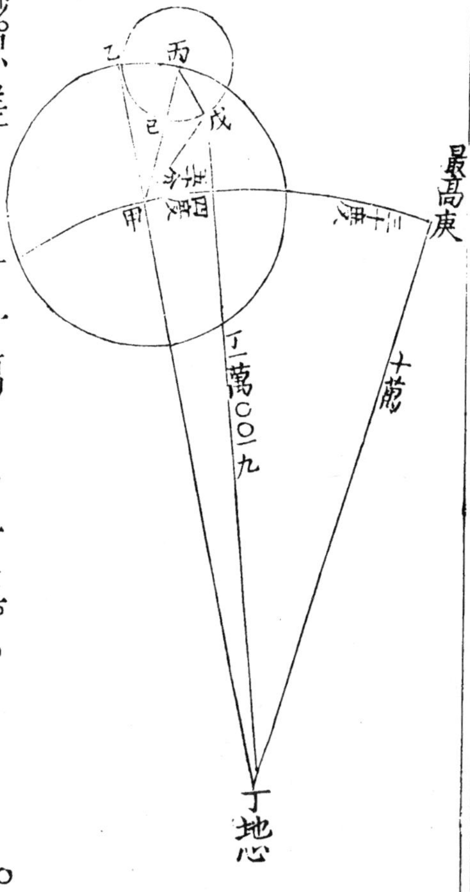

火星平引三十度。算得均角四度五十分十秒。距心綫十一萬○一九。查表均角四度五十分七

秒。只差三秒。距心十一萬○○一三。只差十萬分之單六。可謂密近。

丙戊甲三角形　求甲角　及戊甲邊。

丙甲爲一四八四。　丙戊三七一。　其比例爲四與一。

簡法其總爲五其較爲三。

丙角六十度。引數之倍。　先求甲角。

法以丙角減半周得餘外角一百二十度。半之六十度。查其切綫一七三二〇五。以較三因之總五除之得一〇三九二三。查切綫表得其度爲四十六度六分〇八秒。爲半較角。以半較角減半外角六十度。餘一十三度五十三分五十二秒。爲丙甲戊角。

表說甲角十三度五十四分。是不用秒數也。

次求戊甲邊

法以甲角之正弦二四二〇〇爲一率。丙戊邊三七一〇〇爲二率。丙角之正弦八六六〇三爲三率。求得戊甲邊一三三七六爲四率。

次戊甲丁三角形。有甲丁邊一〇〇〇〇〇。有先求到戊甲邊一三三七六。有甲角。以求到戊甲丙角。加引數丙乙三十度。共得四十三度五十四分弱。爲戊甲乙外角。餘一百三十六度六分強。爲甲丙角。

先求丁角。即三十度視差角。

法并甲丁、戊甲兩邊得總一一三三七六。爲一率。又兩邊相減得較八六六二四爲二率。半外角得二十一度五十七分弱。之切綫四〇三〇〇爲二率。求得半較角切綫三〇七九〇。爲四率。

查表得角十七度六分五十秒。以減半外角。餘四度五十〇分十〇秒。即丁角。

次求戊丁綫。即表距日數。實即歲輪心距地心之數。

法以丁角之正弦八四二六爲一率。戊甲邊。一三三七六爲二率。甲角用餘角四十三度五十四分弱。正弦六九三三八爲三率。求得戊丁邊。二〇一九爲四率。

一系凡兩小輪有比例者。俱可用簡法求角。七政並用。

一系凡三角形有一角在兩邊中者遇其邊有比例可用簡法

土星　自行輪半徑八七二一　小均圈半徑二九〇七　其比例爲三與一　其總爲四　其較爲二　總與較之比例爲折半　簡法但以半外角之切綫折半即得半較角

木星　自行輪半徑七一五五　小均圈半徑二八三五　其比例亦爲三與一　法同土星

金星　自行輪半徑二四〇六　小均半徑八〇二　其比例爲三與一　法同土木

水星　地谷密測自行輪半徑六八二三　小均輪一一三七　其比例爲六與一　總爲七較爲五　法用五因七除

多祿某舊法自行輪九四七九　小均輪一五八　其比

例爲六與一而強。

太陰　本輪半徑八千七百。三平分之二。爲新本輪半徑。五千八百。一爲均輪半徑。二千九百。其比例爲二與一。其總爲三。其較爲一。法用三爲法。以除半外角切綫。得半較角。

朔望次輪半徑二千一百七十。舊爲二千二百一十。此朔望輪地谷轉用於地心之上。

太陰朔望次輪全徑四千三百四十。以全加於本輪半徑。則一萬三千。四十。故兩弦之加減至七度四十分。然以比五星歲輪。則太陰最少。

太陽　兩心差三五八四。折半。一七九二。

王寅旭法。兩心差三八八三八八。收作三五八四。　小均輪半徑爲兩心差四之一。第一均輪半徑爲兩心差四之三。兩均輪之比例爲三與一。其總四其較二。亦折半比例也。與土木金三星並同。

加減差圖說以兩心差折半作角蓋謂此也。

兩心差火星最大爲一萬八千五百奇。次土星一萬一千六百奇。又次木星。萬九千九百九十。又次太陰八千七百。又次水星七千八百五十。太陽數少三千五百八十四。金星更少只三千二百。六。

兩均輪比例

求七政各小輪半徑法具歷書。今只定其大小之比例。

太陽。土。木。金。爲一法。
本輪半徑三。　小均輪一。
其總四。　其較二。
法用折半。

太陰爲一法。
本輪半徑二。　小均輪一。
總三。　較一。
法用三除。

火星爲一法。
本輪徑四。　小均輪一。
總五。　較三。
法用六乘退位。

水星爲一法。
本輪徑六。　小均輪一。
總七。　較五。
法用五因七除。

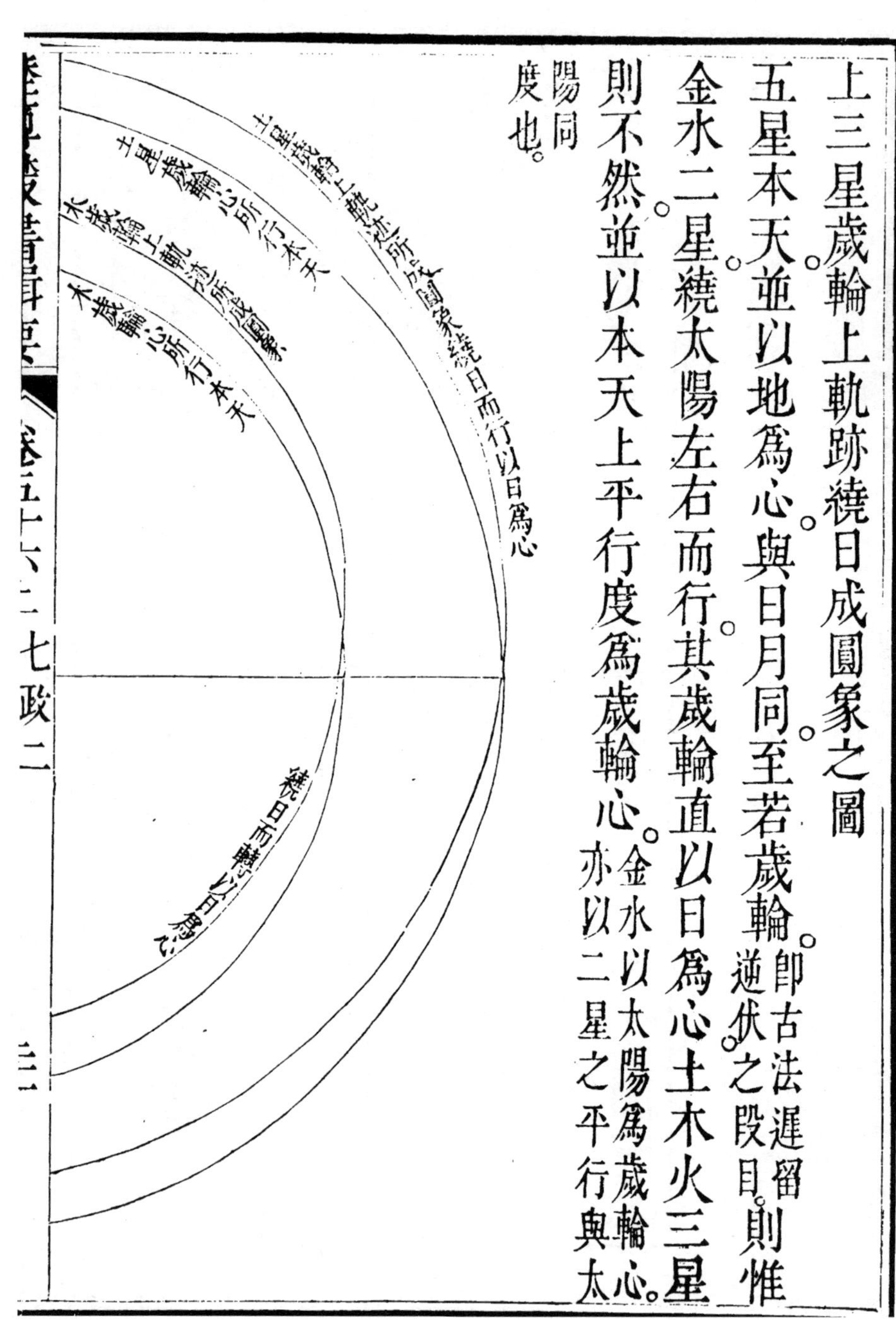

上三星歲輪上軌跡繞日成圓象之圖

五星本天並以地爲心。與日月同。至若歲輪。即古法遲留逆伏之段目。則惟金水二星繞太陽左右而行。其歲輪直以日爲心。土木火三星則不然。並以本天上平行度爲歲輪心。金水以太陽爲歲輪心。亦以二星之平行與太陽同度也。

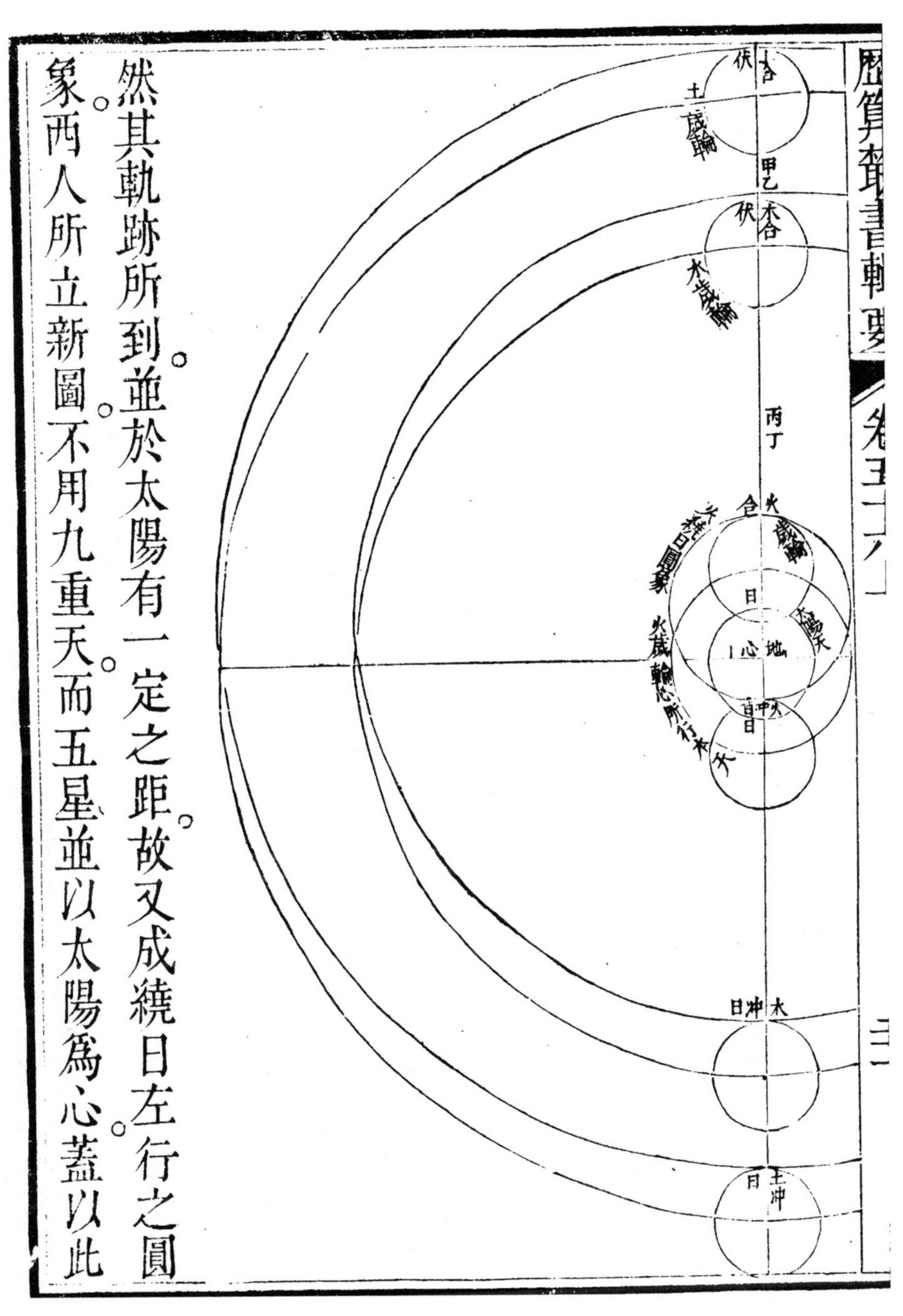

然其軌跡所到並於太陽有一定之距。故又成繞日左行之圓象。西人所立新圖，不用九重天，而五星並以太陽爲心，蓋以此。

也然金水歲輪繞日其度右移上三星土木火軌跡其度左轉若歲輪則仍右移耳

一系星之離日有定距

一系星之歲輪與日天略等

一系日距星爲日離星而東日速故也星距日爲星離日而西星遲故也

一系日距星爲日天之度星距合伏爲歲輪之度

一系論右旋則日速星遲若左旋則星反速於日故歲輪心漸遠於日可稱左旋而歲輪上園日之象亦左旋也

一系星有遲速皆歲輪心之行而星行歲輪邊成園日之行則五星一理

一系星本天右旋星在歲輪上亦右旋而星圍日之行左旋此外仍有自行之高卑故土星能至甲木能至乙至丙火能至丁各天故不甚相遠

自人所見五星所當宿度則距日有遠近之殊而五星在天以徑綫距太陽終古如一以此圖觀之見矣

所異者五星各有高卑本輪則有微差而火星則兼論太陽高卑要不能改其徑綫相距之大致

終